天下文化
BELIEVE IN READING

你問對問題了嗎

What's Your Problem?

Thomas Wedell-Wedellsborg
湯馬斯・維戴爾—維德斯柏 ——著
林俊宏 ——譯

重組問題框架、
精準決策的
創新解決工具

目錄

PART
1

解決「對的問題」

solve
the right
problem

你的問題到底是什麼？

問題 → 解決方案

你抓對問題了嗎？

讓我們從一個問題開始。你可以假想要為你的團隊、公司、身處的社會、家庭、又或是為了你自己來回答這個問題：**為了解決錯誤的問題，已經讓我們浪費多少時間、金錢、精力、甚至生命？**

我到世界各地都會問這個問題，幾乎沒有人覺得這個問題不重要。如果回答時讓你停下來思考，不妨接著想想第二個問題：**如果能夠增進「抓對問題」的能力，會為我們帶來什麼好處？**

只要每個人都能增進一點點能力、更能抓住正確的問題，將為你的生活、你關心的人事物帶來極大助益。

本書就是要告訴你這項訣竅，希望讓這個世界更懂得如何解決問題。而祕訣就是一項很明確的技巧：「重組問題框架」，或者可以簡稱為「重組框架」（reframing）。

經過五十多年研究證明，「重組問題框架」的威力驚人，不僅能用來解決問題，還能讓人做出更好的判斷，得到更多原創的想法，因而活出更精彩的人生。

最棒的一點是，這件事其實並不難。讀完本書，會讓你更懂得如何思考、如何解決問題，也更懂得如何面對目前手頭上各項挑

戰。甚至在讀完本書之前，就能明顯感受自己的能力有所增進。

　　想知道究竟什麼是「重組問題框架」嗎？請繼續讀下去。讓我們從「電梯太慢」的問題說起。

「電梯太慢」的問題

　　本書有兩大中心思想：

- **設定問題框架的方式，會決定你想得出怎樣的解決方案。**
- **改變看待問題的方式（也就是重組問題框架），可以幫助你找出更好的解決方案。**

　　以經典的「電梯太慢」問題為例：

　　假設你有一棟辦公大樓，租用的公司近來紛紛抱怨電梯太舊、太慢，等電梯浪費太多時間。幾家公司甚至威脅說，問題再不解決，就要提前停止租約。

　　首先必須注意的是，問題找上你時往往已經先有預設立場。現實生活中多數問題都是如此，早有人為你定下框架：**要解決的問題就是「電梯太慢」。**

　　由於我們渴望盡快找出解決方案，許多人完全沒注意到問題框架，直接視之為理所當然。我們開始努力想著該如何讓電梯跑快點：該把馬達升級嗎？可以改善演算法嗎？還是該為大樓安裝新電梯？

　　我們對問題的假設，會衍生出一個相應的「解決方案空間」。結果所想到的一連串解決方案，全都被局限在這個有限空間裡面。

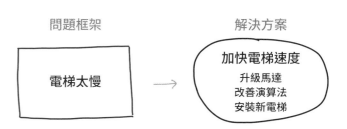

問題框架　　　　　　　　　　解決方案

電梯太慢　→　加快電梯速度
　　　　　　　　升級馬達
　　　　　　　　改善演算法
　　　　　　　　安裝新電梯

這些解決方案的確可能有用。但如果你拿這個問題去問大樓管理員，他們會告訴你一個更巧妙的解決方案：在電梯裡裝上鏡子就好。事實證明，這樣就能有效減少客訴問題，因為當大家看著令人著迷的東西（也就是他們自己），就會忘記時間。

找個更好的問題來解決

這套「鏡子解決方案」並沒有解決原本預設的問題（畢竟裝個鏡子不會讓電梯跑更快），而是採取一種截然不同的思考方式，獲得更創新、更有效的問題解決方案。

這就是所謂的「重組問題框架」。這套方法的核心就是要你違反直覺：**面對困難問題時，先別急著找解決方案。** 你該做的是把注意力放到問題本身，不僅要分析問題，更要改變思考問題的方式。

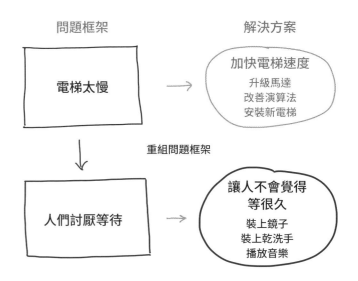

問題框架　　　　　　　　解決方案

電梯太慢 → 加快電梯速度
　　　　　　升級馬達
　　　　　　改善演算法
　　　　　　安裝新電梯

重組問題框架

人們討厭等待 → 讓人不會覺得等很久
　　　　　　　　裝上鏡子
　　　　　　　　裝上乾洗手
　　　　　　　　播放音樂

已被證實有效的強大工具

數十年來，「重組問題框架」的力量不僅為人所知，其重要性更已被愛因斯坦、杜拉克（Peter Drucker）等人所證實。這項概念再結合創新、問題解決、提出正確問題等概念，就會與一切事物息息相關，不論你是要領導團隊、創辦公司、談定銷售、制定策

略、處理難搞的客戶，或是其他各種事情，都用得上「重組問題框架」。就連個人問題也一樣適用，不論是要發展職涯、改善婚姻、讓不聽話的小孩乖一點，幾乎生活的任何層面、任何難題，都能用「重組問題框架」來解決，讓人繼續前進。或者用一種我喜歡的說法：人人都會遇到問題，而重組框架全都幫得上忙。

而人們也確實需要幫助，因為多數人對改變框架所知有限，也不清楚該如何操作。多年的工作經驗使我確信：在我們的認知工具箱裡，最欠缺的關鍵工具就是「重組問題框架」。

「問題解決」的過程會有什麼問題？

幾年前，一家著名的《財星》五百大企業請我教導 350 位員工「重組問題框架」的方法。這是為期一週的領導力課程，我的課只是其中一門。學員全是這間企業最優秀的員工，想要成為學員，你得在同儕中擠進前 2% 才行。

課程結束後，我們向學員發出問卷，問他們覺得哪門課最有用。在扎扎實實的五天課程中，2 小時的「重組問題框架」課程榮登榜首。

這樣的反應並不讓我感到意外。過去十年間，我已在世界各地將「重組問題框架」的技巧傳授給上萬人，而幾乎每個人都認為這個技巧非常實用。以下是一些典型的常見意見，都是從回饋表直接抄下，隻字未改：

- 「能用全新觀點看待事物，真是令我大開眼界。」
- 「太棒了。這是一個嶄新的思考方式。」
- 「這個概念太讚。我以前從來沒聽過，但未來和手下團隊合作時一定會直接採用。」

然而長久以來，每當看到這些反應，總讓我深感憂心。

你想想：**這群人怎麼會不知道「重組問題框架」的方法？**他們可是貨真價實的聰明人，任職於《財星》五百大企業，而且是企業中前2%的佼佼者，怎麼會不知道如何解決對的問題？

為了了解問題到底有多嚴重，我針對17個國家、91家公民營企業的「長字輩」主管進行研究。結果發現在他們之中，**有85%的人表示自己的企業並不擅長重組問題框架。**而且幾乎有相同比例的人表示，他們的企業因此浪費大把資源。

這個問題實在太嚴重了。「重組問題框架」是項基本的思考技能，是每個人早就該學會的東西。這群企業領導者居然不是這項技能的行家，真是令人匪夷所思。每當想起「這些聰明又優秀的人居然每天都在解決錯的問題、不知道要犯下多少錯誤」，就讓我十分害怕。

這就是本書想解決的問題。

我把自己過去十年的工作濃縮成一套簡單易懂的指引，幫助人們解決對的問題。本書的核心架構稱為「**極速重組問題框架法**」（**rapid reframing method**），這套方法經過實證、簡單有效，幾乎適用所有情境中的所有問題。更重要的是，這套方法用起來就是「快」。現代日常工作繁忙，沒有太多人有時間慢慢解決問題。

過去十年間，我在世界各地指導許多不同層級、不同專業的人，協助他們解決所面臨的實際問題，並在過程中逐漸發展出這套方法。這些策略都是以問題解決與創新的相關研究為根據。此外，這些策略並非基於空泛的理論模型，而是經過長期實證、確實有助於使用者重新思考與解決問題，因此適用範圍廣泛，足以因應不同類型、不同產業所面臨的挑戰。

此外，我更透過研究人們在真實日常情境中如何解決棘手問題，來進一步驗證這些策略。從小型新創公司，到思科（Cisco）、輝瑞（Pfizer）等複雜的大型企業集團，我深入觀察個人如何實際解決各種難題、帶來突破性的創新。

雖然在現實世界中重組問題框架肯定更為錯綜複雜，無法像理論那樣簡潔明晰，但每個案例都展示著不同的解決問題策略，告訴我們如何才能找到更具創意的解決方案、取得更理想的成果。

閱讀本書，能讓你：

☑ 不論在工作或生活中，都更能為各種艱難問題找出創意解決方案。

☑ 讓自己或團隊不再浪費時間在錯誤的事情上。

☑ 更有效做出重要判斷，提高命中率。

☑ 保障自己的職涯前景，提升自己對公司的價值。

☑ 最重要的一點是：能夠讓你所關心的人、關心的事變得更好。

值得注意的是，這本書希望讓你立刻派上用場。一邊讀，就可以一邊立刻用來解決自己的問題。以下是本書章節安排。

全書架構

PART 1：引言　　　PART 2：如何重組問題框架　　　PART 3：克服阻力

| 解釋「重組問題框架」 | → | 逐步介紹這套方法 | → | 相關問題及解決方式 |

接下來在第1章〈**什麼是「重組問題框架」？**〉中，將透過現實生活案例，迅速解釋本書的幾個關鍵概念。

在PART 2〈**如何重組問題框架**〉中，將帶領讀者一步一步了解此概念，特別強調「該問什麼問題」。重點包括：

- 為什麼只要問一個簡單的問題（我們到底是要解決什麼問題），就能讓人打消某些糟糕的主意。
- 為什麼專業人士不會先計較細節，而是要先「跳出框架」？
- 為什麼只要「重新思考目標」，就能讓

團隊減少80%的工作量？

- 為什麼只要檢視「正面的例外」，就能帶來立即性的突破？
- 要解決人際衝突的時候，為什麼「照照鏡子」是解決關鍵？
- 兩位企業家如何透過「問題驗證」，短短兩週就抓住數百萬美元的商機。

讀完PART 2，你應該已經完全有能力在生活中應用這套方法解決問題。

在PART 3〈**克服阻力**〉中，可以提供遇到困難時的參考建議，處理的問題包括：

有人抗拒「重組問題框架」該怎麼辦？有人不聽勸告該如何？有人落入孤島思維（silo thinking）時又該怎麼辦？

我在書中還會分享許多真實案例，說明如何運用重組框架來取得重大突破。這些案例的主角多半並非執行長，而是如你我一般的普通人。執行長當然也需要重組框架（一些研究指出他們不僅善於運用這套工具，而且成效卓著），但他們的工作內容實在離我們太過遙遠。我有興趣的不只是增進你在董事會上解決問題的能力，而是希望你在各種情境都能有效解決問題。簡單來說，我希望這套方法對人人都有用，相信從本書選用人物案例中不難看出我的用心。

「重組問題框架」這個概念奠基於半個多世紀以來學界及業界在各個領域（管理學、心理學、數學、哲學、設計等）的研究與實踐，沒有他們的貢獻，就不會有本書的誕生。在後面的章節中，我將介紹幾位關鍵人物；詳細內容則請參閱書後註釋。若你還想更深入了解相關理論（或想讓自己在為客戶簡報時閃耀著學術光芒），歡迎參考本書英文網站www.howtoreframe.com。

「重組問題框架表」

最後請容我介紹「重組問題框架表」。這份表格能讓讀者清楚掌握這個方法的關鍵步驟，便於和團隊或客戶一起重組框架、解決問題。你可以在本書網站免費下載方便列印的英文版檔案。

你可以看到這份表格的進階版本，請先大致了解一下內容，但還不用擔心細節問題，後面章節都會一一解釋。目前只需要注意這套方法有三大步驟：建立框架、重組問題框架、前進；而在「重組問題框架」這一步還會再細分幾項額外策略。

就讓我們從這裡正式開始。

建立框架

問題是什麼？ 　　　　　　　　　　　　　　　　　　有誰參與？

重組問題框架

跳出框架	重新思考目標	檢視亮點	照照鏡子	以他人觀點思考

前進

如何維持動力？

第 **1** 章

什麼是「重組問題框架」?

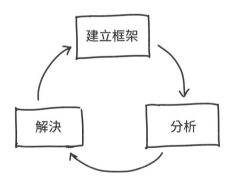

在分析之外

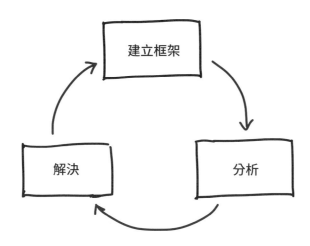

　　願意試著解決問題的人，往往有著「樂觀」的基本特質。他們遇到困難時不會直接認命，相信一定還有更好的解決方案，也相信自己有能力把它找出來。

　　但光有樂觀是不夠的，畢竟過去早就有太多樂觀主義者慘敗的例子。想要真正成功，不僅要有前進的動力，還必須有能力找

出對的問題方向。這正是「重組問題框架」（以及這套方法的第一個步驟「建立框架」）的重點所在。

　　請務必注意，「重組問題框架」不等於「分析問題」。我所謂的「分析」，是像有人會問「為什麼電梯這麼慢？」接著就去試著找出各種影響速度的因素。所謂的分析能力

強，指的是思考精確、有條理、注重細節、對數字敏感。

相較之下，「重組問題框架」是一種更高階的認知活動。例如去問「電梯的速度，真的是這裡該在意的重點嗎？」想擁有強大的重組問題框架能力，重點不在於注意細節，而在於能夠看到全局、有能力從多個不同的觀點來思考。

「重組問題框架」不一定發生在整個流程的最初，也不該獨立於分析與問題解決之外。我們是在設法解決問題的過程中，逐漸增進對問題的了解。企業家和設計思考者（design thinker）都會告訴你，一定要真正著手處理問題、實際測試自己的想法，才有可能得出問題真正的框架。

為了說明這套方法在現實世界中如何運作，以下是我找到最好的例子。雖然這比電梯的故事要長一點，但裡面有提到可愛的小狗狗喔！

美國的流浪狗領養問題

美國人愛養狗，超過40％的美國家庭都養狗，大家都喜愛這種四隻腳又會四處掉毛的動物。然而這也為我們帶來一項問題：每年估計有超過300萬隻狗等待領養。

收容所與動物福利機構一直在努力提升民眾對這項問題的意識。這類廣告為了激發民眾的同情，通常會精挑細選一隻被拋棄、看起來表情哀傷的狗，再加上一句標語，像是「領養一條狗，就是拯救一個生命」，或是請求民眾捐款。

透過這樣的方案，每年約有140萬隻狗得到領養。但即使如此，每年還是有超過100萬隻狗找不到家，這個數字還不包括貓和其他寵物。雖然收容所與救援組織已經竭盡所能，也取得相當不錯的成績，但幾十年來還是無法解決領養寵物人數不足的問題。

但也有些好消息。在過去幾年間，兩個

小型組織找到新的切入點。其中之一是總部位於紐約的新創公司BarkBox，我曾經教他們如何重組問題框架。BarkBox會將營收的一定比例用來幫助狗狗，於是某天，公司裡的非營利團隊決定從新的觀點來研究動物領養問題。

從「管道」下手，而非廣告

由於預算有限，BarkBox知道一直砸錢做廣告不是辦法，於是開始尋找其他解決方式。BarkBox的聯合創辦人兼專案負責人沃德林（Henrik Werdelin）告訴我：

> 我們發現領養問題其實是個「管道問題」。收容所只會用自己的網站告訴大家有哪些狗等待領養，但他們的網站有時候很難找，而且因為這個產業經費有限，網站很少會設計行動裝置版本。我認為這個問題並不難解決。

於是他們參考人類的交友軟體，設計出一個叫做「BarkBuddy」的手機應用程式。透過這個有趣的應用程式，民眾能看到所有等待領養狗狗的資料，並直接聯絡收容所。

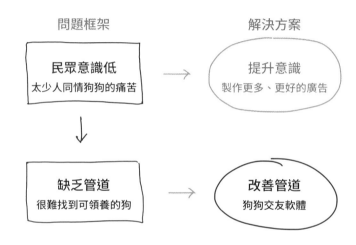

以「找到當地的單身汪」為理念訴求，BarkBuddy應用程式的下載次數迅速達到25萬。上線後沒多久，狗狗資料的每月觀看次數就已經突破百萬。這個史上首見的狗狗交友軟體不僅登上多個全國節目，許多著名的

脫口秀也特別加以介紹。這絕對可說是物超所值，應用程式從製作到上架，成本大約只有8,000美元。

這就是一個經典的「重組問題框架」範例：透過重新思考問題為何，沃德林等人找出一個全新而更有效的解決方式。不過或許你已經發現，他們其實**並未脫離原本的問題框架**（該怎樣讓更多狗狗得到領養？）。想解決領養問題，還有別的辦法。

另一種方法：動物保護介入計劃

韋斯（Lori Weise）是洛杉磯下城犬隻援救組織的執行董事，也是動物保護介入計劃最早的推動者之一。韋斯的計劃重點並不在於提升領養的數量，而是讓狗狗能繼續待在原主人身邊，從一開始就不用進入收容所。

一般來說，收容所的狗約有30％屬於「不擬續養」，也就是飼主因故無法繼續飼養。動物保護社群是由一群深愛動物者所組成，罵起不擬續養者自然火力十足：「要多麼鐵石心腸，才有辦法像丟棄壞掉玩具般拋棄自己的狗狗？」為了避免狗狗落入這樣的「壞主人」手上，許多收容所即使面臨收容數量長期爆表，仍堅持辛辛苦苦對每位有意領養者進行背景調查，結果反而對領養造成更多障礙。

韋斯有不同的看法。她告訴我：「我不太相信這種『壞主人』的說法，我曾遇過很多無法繼續飼養的飼主，其中大多數都非常關心自己的狗。他們不是壞人。『壞主人』的說法太偏頗。」

為了進一步了解情況，韋斯在南洛杉磯的收容所進行一項簡單實驗。每次有家庭將狗狗送來時，工作人員就會問：「要是你有能力，你還會想繼續養牠嗎？」

如果這家人的答案是肯定的，工作人員就會再問：「那為什麼非得要棄養狗狗呢？」如果這是韋斯等人幫得上忙的問題，他們就

會運用組織資金及業界關係提供協助。

韋斯的實驗發現，實情與動物收容產業的想像大不相同：75％的飼主其實還想留住狗狗。許多人交付狗狗時哭到一把鼻涕一把眼淚，而且這些狗狗多年來都受到非常好的照顧。因此韋斯認為：

「不擬續養」並不是因為「人的問題」，多半是因為「貧窮問題」。這些家庭其實和我們一樣愛狗，只是實在太窮。連這個月底能否餵飽孩子都還說不準，如果新房東要求養狗就得多付押金，他們實在掏不出這筆錢。也有時候，飼主依法必須讓狗狗注射一劑10美元的狂犬病疫苗，然而這家人根本不認識任何獸醫，或是害怕與任何主管機關接觸。把心愛的狗狗送去收容所，對他們而言往往已是「沒有辦法中的辦法」。

結果韋斯發現，這項介入計劃不但在預算上可行，實際上還比過去的計劃更具成本效益。介入計劃開始之前，韋斯的組織每協助1隻寵物得花費85美元。而新計劃協助每隻寵物的成本降到大約60美元，大幅提升經費所能發揮的效益。這項計劃讓一些家庭得以留下自己心愛的寵物，而且既然這些寵物不用進到收容所，就能保留更多收容空間來幫助其他需要的動物。

在韋斯及其他幾位先驅的努力下，這項動物保護介入計劃在幾間企業支持下，正被複製推行到全美各地。因為這些計劃，美國收容及安樂死的寵物數量已來到歷史新低。

深究框架、打破框架

這兩個案例可以看出「重組問題框架」的力量：靠著「找出新的問題來解決」，幾個人就能創造出驚人成就。這兩個案例也代表兩種重組問題框架的方式，分別是：「深究框架」（exploring）與「打破框架」（breaking）。

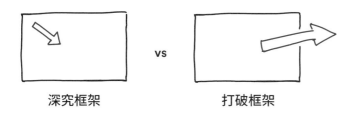

深究框架　　vs　　打破框架

「深究框架」：
更深入探討原始的問題陳述

「深究框架」很像是在分析問題，但重點在於探討過去是否忽略某些因素，評估能否用這些因素來扭轉局面。BarkBox團隊就代表這種做法：原本的問題陳述是「從收容所領養動物的人不夠」，但深究之後就找出背後所隱藏的其實是「管道問題」。改變思考框架之後，投入僅僅8,000美元，就能獲得遠超過這項成本的效益。

「打破框架」：
完全跳脫原始的問題框架

韋斯的計劃則屬於這一種做法，她重新思考自己的工作目標（要解決的問題不再是鼓勵領養，而是協助貧困家庭能留下寵物），並在這樣的過程中改變整個產業。

這兩種做法都可以帶來突破，但其中「打破框架」更為重要；**如果不能掌握這種技巧，你將受限於原本的問題框架。**即使是經驗豐富的問題解決者，也很容易陷入細節之中，一心在原本的問題框架裡找線索，完全忘記該去挑戰這個框架。如果我們能夠一直謹記要打破框架，在遇到問題時就比較不

會受限於原本的問題設定。

科技上與心理上的突破

　　這兩個案例還有一個比較細微的區別。

　　BarkBuddy的案例就像是典型的矽谷傳說：發現某個過去一直被忽略的問題，並藉由現代強大美妙的科技能力，讓我們得到更好的解決辦法。從這點說來，BarkBuddy這個應用程式與我們這個時代緊密相連。要不是有智慧型手機、資料共享標準、大批的交友軟體愛用者，BarkBuddy不可能成功。達特茅斯大學教授艾德納（Ron Adner）把這種情形稱為「廣角鏡」（the wide lens），也就是某項創新如果要成功，背後必須已經有整套的支援生態系統，包括相關科技、合作夥伴等。

　　至於韋斯的發明，則完全無關什麼新科技，也不需要有一大群人已經熟悉某種新的行為方式。雖然韋斯的方案仍然需要龐大的合作夥伴生態系統（包括獸醫和收容所），但這些因素早已存在數十年，運作方式也沒什麼不同。

　　這衍生出一個有趣的問題：**為何我們無法更早想到這兩項解決方案？**如果是BarkBuddy，可以說就是時機未到，過去就是沒有那些條件。但韋斯的動物收容介入計劃呢？理論上來說，不是20年前、甚至40年前就可以想到的嗎？阻礙這項計劃的不是科技層面，而是相信錯誤的概念：誤以為不擬續養狗狗的全都是壞主人。在過去幾十年的時間中，整個動物保護社群都被這種概念所蒙蔽。韋斯則打破這個框架：即使用的是大家都知道的資料，她卻從中看出截然不同的觀點。

　　這正是本書的關鍵所在。我們可以理解創新者與問題解決者總是對新科技十分著

迷，畢竟工程師克服物理限制、醫師研發出新藥的、程式設計師用程式碼創造奇蹟，都與科技上的突破有關。

然而在絕大多數案例中（特別是日常生活的問題），解決問題的重點並不在於科技，而是在於心理上的突破。因此，解決棘手問題的關鍵未必是那些細節，而是詮釋與意義建構的能力：我們要觀察已經存在的東西，並重新思考它的意涵。重點在於要對自己的信念提出質疑、對長期以來的假設提出挑戰，不論是關於同事、客戶、朋友、家人，或者我們自己。

───────────

希望這些案例能讓你了解「重組問題框架」所能帶來的轉變。本章結束前，我想提出閱讀本書的五項具體好處並稍做說明。

1. 你能夠避免去解決「錯的問題」

大多數人總感覺「行動」比較重要，一遇到問題就立刻切換到解決模式。他們完全不願意停下來分析問題，一心只想快速前進，總覺得「為什麼我們還在討論問題？趕快動起來解決問題啊！」

偏好行動大體上也不是壞事，我們總不能一直想個不停卻不做事。但這樣做會有一種危險：還沒有完全了解該解決的問題，就一味埋頭向前衝；又或是沒有在一開始搞清楚是否抓對問題。結果就是常常把精力浪費在錯的事情上，不斷繞著同一組無效的「解決方案」做些小調整，直到耗盡所有時間或金錢。有人形容這就像是「在鐵達尼號上重新排躺椅」。

依循書中分享的流程，就能讓讀者迅速重組問題框架，解決問題又快又從容。如果在解決問題的早期還沒有決定解決方案前，及早開始試著重組問題框架，就能避免白費

心力，也能更快達到目標。

2.你會找到創新的解決方案

不是每個人都會犯下過早開始行動的錯誤，很多人已經學到教訓，懂得先花點時間來分析問題。然而，就算如此，還是可能會錯過重要的時機。因為很多人分析問題的方法是先問：「**真正的問題是什麼？**」然後就順著這個問題開始深入研究細節，希望能找出問題的「根本原因」。

在前面的電梯案例中，就能看出這種思維方式的重要缺陷。「電梯速度太慢」當然是個真正的問題，而買一台新電梯也確實能解決這個問題。但重要的是：**問題不一定只能這樣解決**。如果認定問題只有一個「根本原因」，就可能造成誤導。問題的成因多半不只一個，解決方式更是不勝枚舉。例如我們也可以把電梯太慢想成是高峰需求問題（太多人同時需要坐電梯），而這種問題能用

「分散需求」來解決（例如錯開使用者的午餐時間）。

「重組問題框架」並非為了找出「**真正的問題**」，而是要找出一個「**更好的問題**」來解決。如果一心認為某個問題只有某個正確的詮釋，將使我們對那些更聰明、更有創意的解決方案視而不見。重組問題框架能夠幫助你找到這些好的解決方案。

3.你能做出更好的決定

研究顯示，若你想解決問題，最好的辦法就是**找出更多選項**。決策領域的重要學者納特（Paul C. Nutt）發現，如果只以是非題的角度來思考，做出壞決定的機率會超過一半。例如：

- 我要不要讀MBA？
- 我們該不該投資這項專案？

相較之下，如果是以選擇題角度來思

考，做出壞決定的機率就會降到1/3。即便是最後還是選擇原始計畫，仍能達到一樣的效果。例如：

- 我是應該讀MBA、開一家新創公司、找新工作，還是繼續做現在的工作就好？
- 我們是該投資專案A、B或C，還是先緩一緩？

只要帶進更多選項，就有助於讓你做出更好的判斷。

但這裡有一點需要注意：各個選項必須**真正有所不同**。如果是一群不了解重組問題框架的員工，可能以為只要「找來15家更新、更快的電梯廠商」，就已經是非常完整的分析。但實際上這根本只是把同一個解決方案做成15個不同版本的選項。「重組問題框架」之所以能夠讓你做出更好的決定，是因為這能讓你找出真正不同的選項來做選擇。

還不只這樣。雖然這有點老王賣瓜，但我還是得說，如果能讓更多人都了解「重組問題框架」的概念，絕對能對整體社會產生正面效果。以下舉兩個例子就好，一個屬於個人層面，一個屬於社會層面。

4. 你能拓寬自己的職涯選項

在個人層面，「解決難題」一向很能帶來滿足感，也能幫助你所關心的人。更重要的是，如果能學會「重組問題框架」，能為職涯發展帶來諸多好處。

最明顯的一點，就是在提升問題解決能力之後，能立刻成為對公司更有價值的人。而且，想成為重組問題框架的能手，並不需要你成為某個特定領域的專家（後面就會看到，有時專家反而會被自己的專業所困），所以你甚至可以對自己專業以外的領域有所貢獻。這就像是管理顧問，雖然自己不在某個行業、卻能為那個行業帶來價值。如果你

哪天想改變角色，這將會很有幫助。

此外，「解決問題」的能力在就業市場也備受重視。世界經濟論壇在最近一份報告中，列出未來最重要的技能清單，前三項應該會讓你感到十分熟悉：

1. 解決複雜問題的能力。

2. 批判性思考。

3. 創造力。

最後，「重組問題框架」還能提供一種很明確的優勢：保障你的未來職涯發展，讓你不容易被電腦取代。

某些行業可能還感覺不到這種威脅，但多數專家已提出令人心驚的警訊：人工智慧（AI）及其他自動化形式已開始接手許多人類過去的工作，甚至白領工作也不例外。

然而，診斷問題相關工作的情況則大不相同。根本上來看，定義問題、重組問題框架，都是只有人類才能辦到的事，不僅要對情況有多方面的了解；還要能夠吸收各種模糊、難以量化的資訊；更要能夠解釋與重新思考資訊背後的意義。而這些事情，電腦在短期內還無法做到，若能加強這些能力，就能為你保障工作安全、帶來新的工作機會。

5. 你能協助創造一個更健康的社會

最後，「重組問題框架」也有助於維持社會運作。如果想要真的解決衝突、讓大家長久和平，就需要幫衝突各方找出共同的立足點。這得先搞清楚大家到底是在吵什麼，而不是直接吵要怎麼解決。我後面就會提到，現在已經有人透過重組問題框架，為早已根深柢固的政治衝突尋得全新解決方案。

與此同時，學會「重組問題框架」也是一種有效的心理防禦系統（已有研究指出，問題框架能夠作為武器）。只要仔細研究對立的各政黨如何切入某項熱門議題，就能看到他們如何試著用重組框架的概念來影響民

眾思維。

　　就這個意義而言，我們可以把這套方法視為一種重要的公民技能。如果能提升對問題框架的理解，就更能察覺是否有人在試圖操控你。民眾如果更了解問題框架，就更能保護自己免受煽動或其他惡意侵害。

　　正因如此，親愛的讀者，你不但該向你的盟友推薦本書，還該不動聲色的推薦給你的競爭對手。

什麼是「重組問題框架」？

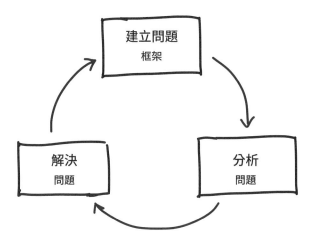

想有效解決問題，需要不斷循環重複三個步驟：

1. **建立問題框架（以及重組框架）**：決定該把焦點集中在哪裡。
2. **分析問題**：深入研究已選定的問題框架，試著加以量化並了解進一步的細節。
3. **解決問題**：實際開始處理問題；內容包括進行實驗、製作原型、最後實施完整的解決方案。

想找出對某個問題的新觀點，有兩種方法：

1. **深究框架**：想重組問題框架的時候，先深入研究原本的框架細節。
2. **打破框架**：直接跳出原本的框架，採取完全不同的觀點。

大多數問題會有許多不同的成因，因此會有許多各有不同、但同樣可行的解決方案。一心只想快點解決問題的人，會在找到第一個可行方案時就感到心滿意足，於是可能就此錯過其他充滿創意的解決方案。

解決問題的重點不一定都在於科技。有時候無需找到新的科技，只要質疑自己過去所相信的概念，就有可能找到新的解決方法。

找出不同的選項，就能提高決策的品質；但前提是這些選項必須確實不同。

學會「重組問題框架」，不僅有益於你的職涯發展，更有助於整個社會。

PART
2

如何重組問題框架

how to
reframe

第 **2** 章

為重組問題框架做好準備

重組問題框架：
多繞一圈

常見的問題解決流程

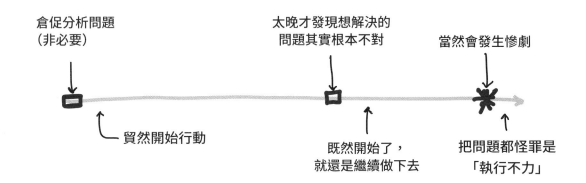

大多數人都很清楚上述這種貿然行動的危險。但也因為大家都很忙，所以沒時間停下來思考，如果不要貿然行動的話，該怎麼做？當然，如果你像我一樣是個作者，可以一邊寫書、一邊悠閒的喝著拿鐵，或許會有很多思索的時間，就像我某個朋友的女兒說的，可以整天「發想觀點」（講得像是個專有名詞）。但對於一般工作者來說，這種花時間的方式實在太奢侈。面對時間壓力，大

多數人還是會選擇反正就先開始，之後遇上問題時再來見招拆招。

然而這種做法會造成惡性循環。不在事前先花點時間問問題，就會在未來給自己造成更多問題，於是能用的時間反而更少。就像一位高層說的，這就像是「我們一直忙著努力搬東西，結果反而沒有時間發明輪子」。

想擺脫這個陷阱，得先解決兩個關於診斷問題的錯誤假設：

- 診斷問題就是進行長時間深入研究。
- 我們在完成深入研究、徹底了解問題前，不能採取任何實際行動。

這兩個迷思的最佳代表，或許就屬以下這句大家都聽過的名言，常有人說是出自愛因斯坦：「如果我有一個小時要解出一個問題，解不出來就會丟掉小命，那我會把55分鐘用來定義問題，再用5分鐘來實際解決問題。」

這句話聽起來很帥，但卻大有問題。

首先，這句話並非出自愛因斯坦。這位知名物理學家確實很相信問題診斷的重要，但並沒有證據顯示這個「55分鐘」名言是出自他的金口。更重要的是，即便真是愛因斯坦所說，這仍然是個很爛的建議。（事實證明，高等物理理論並不見得能用來解決日常生活問題。）如果你真的照這句「愛因斯坦說的話」來管理時間，可能面臨以下情況：

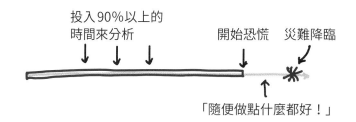

這種情況一般我們稱為「分析癱瘓」（paralysis by analysis），而且通常不會有什麼好下場。

比較好的辦法

思考問題時，還有另一種比較好的辦法。讓我們先想像一條箭頭向右的直線，代表一般人在解決問題時的自然思考過程：

我所謂「重組問題框架」，就是要在走這條路的時候多繞上一圈：刻意暫時偏離原

本的方向，讓人暫時將注意力轉移到更高層次的問題，也就是去弄清楚問題原本的框架。這樣一來，等到重新回到原本的方向時，會對問題有全新或更好的理解。你也可以把它想像成在前進途中暫時休息一下，或是在行動前先退後一步。

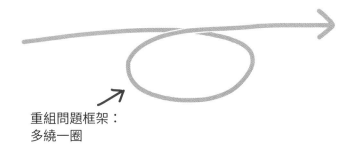

重組問題框架：
多繞一圈

在解決問題的過程中，可以多次重複「繞一圈」的動作，也就是在前進的過程中暫停好幾次。工作團隊可以在週一時先完成一輪「重組問題框架」，接著開始切換成行動模式，等週五時再次「重組問題框架」，問問自己：「根據本週行動的內容，我們對問題是否有什麼新的認識？目前的問題框架仍然正確嗎？」

在先前分享的「重組問題框架表」中，可以看到三個步驟：建立框架、重組問題框架、前進；其中第二步還會再細分為一些策略。在下圖中，我們會看到這幾個步驟如何對應到這個「繞一圈」上。

第1步：建立框架

這個步驟會促發「繞一圈」的動作。實際的做法是，有人得先問：「我們到底是要解決什麼問題？」得到的答案（最好把它寫下來）就是對這個問題的原始框架。

第2步：重組問題框架

「重組問題框架」是要挑戰自己原本對問題的理解，目標是能夠盡快找出最多的不同框架。你可以把它想成是腦力激盪，但目的並非要想出點子，而是找出不同的思考方

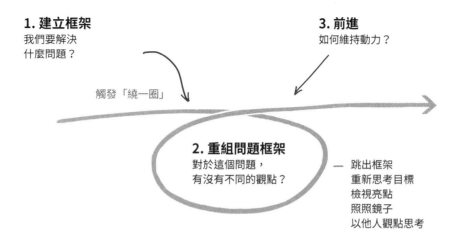

1. 建立框架
我們要解決
什麼問題？

3. 前進
如何維持動力？

觸發「繞一圈」

2. 重組問題框架
對於這個問題，
有沒有不同的觀點？

— 跳出框架
重新思考目標
檢視亮點
照照鏡子
以他人觀點思考

式；可能是個問題（「『電梯太慢』到底為什麼會對人造成問題？」），也可能是直接提出觀點（「或許是顧客想降低租金的一種談判手段」）。

第2步的五項策略可以讓人找出其他問題框架。可視情況選擇部分、全部、或完全不採用以下這幾項策略：

· **跳出框架**：我們缺了什麼？
· **重新思考目標**：有沒有更好的目標？

· **檢視亮點**：有哪些地方沒遇到這種問題？
· **照照鏡子**：在這個問題的形成中，我／我們扮演什麼角色？
· **以他人觀點思考**：他們的問題是什麼？

第3步：前進

這個步驟會結束「繞一圈」的過程，切換回行動模式。前進時可以延續目前的方

向，也可以嘗試一些你想出來的新框架，或是把兩者結合。

主要任務是要**在現實世界驗證你目前的問題框架**，確認自己對問題的診斷是否正確。這就像是醫生看診，雖然覺得症狀看起來像是腦膜炎，但還是要安排檢查、確認診斷正確，才會真正開始治療。這時也可以決定一下，什麼時候要再次重組問題框架。

需要準備什麼工具？

「重組問題框架」並不需要什麼特別的工具，但如果能有**活動掛圖（flip chart）**或**白板**會很方便，特別是對團體而言。如果能有共同的書寫空間，就能有效讓眾人共同投入協作。

檢核清單（checklist）也很好用。本書最後附有一個「重組問題框架檢核清單」，

能讓你在工作上使用。如果遇上真正重要的問題、或是你需要清楚顯示過程中的邏輯與道理，則可以使用「重組問題框架表」。本書最後會提供幾張空白表格可供使用，本書網站也有英文版本可供列印下載。

該找哪些人來參與？

重組問題框架的時候，你確實可以一切都自己來（有時候這也是很好的起點，可以先整理自己的思緒），但**通常還是該盡快讓其他人也參與**。讓其他人（特別是想法與你不同的人）也參與，就等於找到一條通往不同觀點的強大捷徑，能讓你更快找出自己思維的盲點。

就算想要先從小規模開始，我也建議工作小組至少要有三個人，因為這代表在兩個人交談的時候，另一個人可以靜靜的聆聽和

觀察。

如果希望能達到更好的效果，過程中最好能找外部人士加入。所謂「外部人士」，指的是對問題沒像你那麼切身相關、工作上與你往來沒那麼密切的那些人。找外部人士參與需要多花些心力，但當你面臨重要問題時，這時間通常花得很值得。

除此之外，工作小組的大小並沒有特別的限制或要求，主要還是依實際可行情況而定。如果你的問題可以在公司內部網路或社群媒體上公開討論，也不妨透過這些管道來獲得外部人士意見。

什麼時候應該「繞一圈」？

有需要就繞。我們絕對不是要等到問題「夠大」再去重組問題框架，而是要根據問題的大小，調整「重組問題框架」的流程。

如果把「重組問題框架」看成一個光譜，光譜的一端可稱為「**即興式改變框架**」（**improvised reframing**）。例如某位同事臨時在走廊想找你幫忙，或是和客戶通電話時突然出現某個問題，這種時候的流程幾乎不可能有多嚴謹。所以，這時只要先問清楚問題本質，再憑直覺找出一兩個似乎最有可能進行改變框架的角度就可以了。

而在光譜的另一端，則會是「**結構式改變框架**」（**structured reframing**），指的是情況容許你按部就班重組問題框架。像是在開會的時候，就可以使用「重組問題框架表」來整理；也適用於自己靜靜坐著思考所面對的問題，就像在閱讀本書的過程。

其中，特別需要熟練掌握的是即興式改變框架，因為「**重組問題框架**」**其實應該成為一種思想的習慣**、而不是要堅守的流程。心理學家暨教育專家科斯林（Stephen Kosslyn）就說過「心智習慣」（habits of mind）的效用：只要讓心智培養出一些習慣，碰上大多數問題的時候都能派上用場。不用多久，你就能學會一碰上問題就在心裡即興改變框架，而不用一直參考重組問題框架檢核清單。

然而，結構式改變框架仍然大有好處，不管是個人或是團體，都能讓人更熟練改變框架的技巧，到頭來也就更能信手捻來。而在閱讀本書的過程中，我會建議可以參考「重組問題框架檢核清單」或是「重組問題框架表」，思考你目前手上的問題。

重組問題框架需要多少時間？

要全面分析問題，確實需要不少時間；但如果只是要弄清楚自己是不是在分析正確的問題，就不用那麼久。只要經過練習，通常第2步（實際重組問題框架）只要花個

5-15分鐘就夠了。

一些剛開始學習重組問題框架的人可能會對此嗤之以鼻。他們的反應常是：「只要5分鐘？5分鐘連解釋問題都不夠，還重組問題框架咧！」

當然，有些極度複雜的問題，確實需要更多時間。但在一般情況下，你會發現只要能簡單把問題描述出來，就已經足以迅速改變多數的問題框架。在我的工作坊中，我會要求學員花5分鐘，試著用這套方法來解決他們遇到的問題。這些問題往往已經困擾他們好幾個月，但總是有一兩個人在第一次練習時就能夠取得突破。

而且，並不是只有我發現解決問題可以這麼快。麻省理工學院的教授葛瑞格森（Hal Gregersen）也是研究解決問題的學者，他就提出一種稱為「問題大爆發」（question burst）的練習：只給每人2分鐘來解釋自己的問題，接著再用4分鐘進行團體提問。葛

瑞格森表示：「大家通常都以為自己的問題需要詳細解釋才說得清楚，但為了要快速告訴別人自己的問題，就只能提出更高層次的問題框架，因此反而不會對後續的提問造成限制或引導。」

許多問題經過短短5分鐘後仍然沒辦法弄清楚如何解決，這時可能需要經過多次「重組問題框架」，並穿插一些實驗性的行動。不過即便如此，最初的重組問題框架依然至關重要，能讓問題有時間沉澱一下，開啟之後靈光乍現的契機。

一般來說，我會建議重組問題框架的次數要多、時間要短，而不是只做一次卻拖得太久。因為我們必須培養快速重組問題框架的能力，才能有效應用在日常生活當中。重組框架所需的時間愈長，你真正去使用的次數就會愈少。

策略的順序很重要嗎？

執行第2步（重組問題框架）的幾項策略時，並不一定要照著現在的順序。如果想在工作時迅速和同事透過對話來解決問題，大可直接跳到你覺得最有可能立刻解決當下問題的策略。

但還是有一個例外：「用別人的觀點」（了解問題背後所牽扯到的利害關係人）這一步需要永遠擺在最後。遇到問題的時候，很多人會先直接跳到這一步：「你說彼得生氣了？他是在不爽什麼？」但你會發現，我把它排在最後一步，而且這是故意的。如果一開始就先顧慮利害關係人，最大的問題在於可能會**完全搞錯到底誰算是利害關係人**。

知名創新專家克里斯汀生（Clayton Christensen）等人發現，如果想創新，該研究的通常不是客戶，而是那些非客戶的人。正如克里斯汀生在顛覆式創新（disruptive innovation）相關研究中指出，如果企業太過專注於了解與服務現有的客戶，就會在無意間使自己的產品對非客戶來說變得沒那麼好用，於是讓競爭者獲得進入市場的機會。簡而言之：必須先想想目標、亮點，弄清楚有沒有其他需要顧慮的利害關係人（要跳出框架來看）。等到已經確定找出正確的對象，才開始考慮這些利害關係人的觀點想法。

另外還有一點要注意：本書提供許多問題範例，讓你練習重組問題框架。但這些也只是一些例子。這本書不是《哈利波特》，不會要你背什麼奇怪的咒語、還得用正確的順序和語調唸出來才能奏效。

我之所以要強調這一點，是因為市面上有些提倡解決問題的方法，很重視某些固定的措辭用語，像是要求所有句子以「我們怎樣才能⋯⋯」開頭，又或是常有人提到必須問「為什麼」問個五次。像這樣的固定用語有時確實很有幫助，但如果是想改變問題框架，我發現這會讓人太過依賴公式化的提問。

現實世界中的問題實在太多元，無法一套提問走天下。就算在某些時候，某項提問確實十分關鍵，但這仍可能讓我們過度強調「提問」本身。根據我的經驗，重要的並不是提問的遣詞用字，而是在這項提問背後的根本想法。

另外，如果使用一套標準的提問，就無法顧慮到不同文化間的溝通差異。如果你需要跨國工作，這種感覺會相當明顯；但即便一直都在當地工作的人也應該不難體會。無論是在提案會議或親師座談、法庭答辯或與人共乘，甚至是在董事會上或自家臥室裡，需要的提問形式都依情境而有所不同。

舉例來說，就算只是像「我們找對問題了嗎？」這樣基本的提問，在某些情境下的措詞還是應該要改成：「我們目前關注的焦點是否正確？」我就碰過某些企業，為了

避免帶來負面影響，會希望我們不要說「問題」這個詞，而要說成「挑戰」或「改進機會」。就我看來，問題還是就該稱為問題（畢竟太空人總不會說：「休士頓，我們遇上改進機會了」），但依據你所處的情境，確實可能需要斟酌使用不同說法。

最後，提問之所以重要，是因為它反映出一顆好奇的心靈。會問問題，代表你知道這個世界遠比目前自己的心智模式（mental model）所暗示得更深、更複雜。你知道自己可能是錯的，這正是找出更好答案的第一步。如果過度執著於遵循某種標準提問方式，反而可能錯失提問所帶來的力量。

基於上述原因，當你閱讀本書時，請試著去思考每項策略背後的本質：「提出這些問題背後的目的是什麼？」請把重點放在「該怎麼想」，而不是「該怎麼講」。

做好「重組問題框架」的準備

你的問題到底是什麼？

在閱讀大多數書籍時，我們通常會先吸收書中想法，讀完全書之後再開始實際應用。但在閱讀本書時，希望你可以一邊讀、一邊用來解決自己的問題，把每章介紹的策略逐一應用在你的生活之中。

我知道有些人讀書時喜歡了解概念就好，但還是建議讀者試著邊讀邊應用，這不僅能讓你更擅長重組問題框架，也能幫助你對問題產生更新鮮的觀點。

如果你願意試著這樣做，以下建議可以讓你從過程中學到最多。

如何選擇問題

一般來說，要真正讓「重組問題框架」的技巧派上用場，應該是要用在自己最關心的問題上。但因為目前我們還在學習如何重組問題框架，所以建議先採用以下原則：

選出兩個問題。現實世界的問題十分多元，針對某項特定問題，並不見得每種策略都能有幫助，甚至可能根本不適用。所以，如果先選出兩個問題，就更有機會運用及練習更多策略。

選擇不同領域的問題。我建議一個選擇與工作相關，一個選擇與個人生活相關。

為什麼也要挑個人生活的問題？那不是勵志書在談的內容嗎？我會不會很快就開始跟你介紹什麼新世紀（New Age）、花草茶、脈輪？

別擔心。我只是發現在學習如何重組問題框架時，很適合以個人生活的問題來著手。當然這兩個領域也密切相關：如果你能解決家裡的問題，通常就代表能在工作時更有活力；反之亦然。

選擇進階一點的問題。每個人生活裡總會有些小麻煩，像是一堆衣服要洗、通勤時間太長、電子郵件太多等等。我們當然也可以試著幫這些問題重組框架，但這些問題實在太簡單，很難真正令人覺得有價值。（舉例來說，曾有一位客戶說他的問題是：「有野兔會偷吃我家院子裡的水果！」可惜他並不是在隱喻什麼更偉大的問題，所以就算成功重組框架解決這個問題，也算不上得到什麼「成果」。）

所以，我建議選擇一些**和人有關的問題**。「重組問題框架」用來處理「難捉摸的」問題特別能發揮威力，這些問題包括領導能力、同儕關係、子女養育，甚至只是自我管理（例如想改掉某個壞習慣）。

我也建議，可以挑一些你**特別覺得不舒服、甚至是不想面對**的問題。例如：

- **你處理得不好的情境**：我很不懂怎麼開拓人脈、與人打好關係。我和客戶開會時很難表達自己的意見。必須批評人時，會讓我感覺壓力沉重。

- **艱難的人際關係**：我覺得要和某個客戶打交道很耗心力。和老闆／同事／孩子

講話時，常常是不歡而散。我覺得自己沒有把在團隊裡的新角色做好。

- **自我管理**：我到底為什麼那麼沒紀律？我要怎麼做才能真正發揮潛力？我真的很希望能找到方法，讓我發揮更有創意的一面。

另外，挑一個以前試過、但沒能解決的問題，也會是個好主意。如果這些問題在過去一直沒能解決，就代表「重組問題框架」有可能真正幫上忙。

目前要做的，就是請你挑出想解決的問題，並且把這些問題都寫下來。我建議可以寫在另一張紙或是便利貼上，方便之後回來查閱；或者也可以使用後面的「重組問題框架表」（從全書最後直接撕下一張，或是下載列印）。

在每章最後，我都會引導你使用那一章提到的重組問題框架技巧，解決你選定的問題。如果還是找不到想解決的問題，可以參考下一頁，從中取得一些靈感。

人際關係

朋友、情人、房東、
商業夥伴、討厭的鄰居、
停車場管理員、親家，任君挑選。

領導能力

讓人跟隨你、
引出熱情、
培育人才、
將失敗怪罪他人，
想必大家再熟悉不過。

生產力

找出更多時間、
充分運用稀有資源、
改善產能。

使命目的

我為什麼在這裡？
我這輩子想做什麼？
我該如何塑造職涯、
找到意義、找到快樂？……

創新革新

設法讓工作上的
某件目標實現。
創造未來。避免被時代淘汰。

你的問題到底是什麼？

如果你就是那種總是無憂無慮的討厭鬼，
或許還真需要一些提醒，
才能想出自己其實面對著哪些問題。

應對上司

這應該不用說了吧？

追求成長

要從哪裡得到成長？
我們要如何打敗競爭對手？

應對孩子

這就像是要應對上司，只是問題更麻煩。
這些主人雖然可愛，但實在很難控制。

重大議題

消滅飢荒、根除病痛、維護民主、
修復殘破的系統、拯救地球、
殖民火星、控制運用人工智慧、
克服老化及死亡。
DIY 家具大概也算這一類？

約會

怎樣找到真命天子／天女，避免遇上蠢蛋。
而且還不能把後者誤認為前者。
失敗，再重來。

錢

賺到更多，花掉更少。
或者，至少花在更美好的事物上。

第 **3** 章

為問題建立框架

首先，為問題建立框架

設計師裴瑞（Matt Perry）的電腦螢幕上有張黃色便利貼，寫著一個簡單的問題：

我們想解決的是什麼問題？

裴瑞任職於《哈佛商業評論》，他和貝里納托（Scott Berinato）、華玲（Jennifer Waring）、芬克絲（Stephani Finks）、彼特（Allison Peter）、梅里諾（Melinda Merino）是本書製作團隊成員。我們在《哈佛商業評論》寬敞明亮的波士頓辦公室進行第一次會

議後，裴瑞寄來一封電子郵件：

我螢幕上貼著這張便利貼大概有一年了。上面只寫著一個很簡單的問題，但很多時候就是非常有幫助。所以它就這樣一直貼著沒被丟掉（哈！），其他便利貼就是沒有這樣的永恆價值。

乍看之下，強調「把問題講清楚」似乎沒什麼道理。這不是當然的嗎？為什麼被一

直留著的是這張便利貼，而不是其他亙古不變的設計師智慧？（像是「永遠穿黑色」）

只要去問問那些以「解決他人問題」維生的人，不管是設計師、律師、醫師、管理顧問、主管教練或心理學家，都會發現他們堅持著同一項重點：先問清楚問題是什麼。

「重組問題框架」的流程也該由此開始。簡單說來，該做的是：

- 寫出簡短的**問題陳述**，最好把問題寫成一個完整的句子：「目前的問題是……」。小組合作時可以使用白板，好讓所有人都能清楚看到。
- 在問題陳述的旁邊畫出**利害關係圖**，列出利害關係人。這裡的利害關係人可能是個人，也可能是企業或部門。

請務必記得：

「寫下來」很重要。這個動作看起來雖然平凡無奇，卻能帶來許多重要好處。請盡可能把問題「寫下來」。

「寫下來」的動作要快。問題陳述的目的，並不是要一次就把問題講得很完美，而是要為後續流程提供原料。你可以把它想像成放在桌上的一堆黏土，只是要讓你有束西可以開始罷了。

寫出完整句子。如果用列點方式、或只用簡單詞彙來描述問題，之後會比較難重組問題框架。

切勿冗長。如果能只用幾個句子就把問題講完，就最有助於重組問題框架。

如果你打算在閱讀本書的過程中嘗試解決自己的問題，建議先暫時把書放下，寫下每個問題、畫出利害關係圖。每個問題用一張紙，不要把一堆問題擠在同一張紙上。

為什麼要把問題寫下來？

把問題寫下來的好處多多。舉例來說：

- **可以讓你放慢腳步**：書寫能夠創造出一個短暫且自然的思考空間，讓人不會太早跳進解決方案模式。
- **可以逼你把話講得更具體**：問題如果只用「想」的，其實會十分模糊，寫成書面就會比較清楚。
- **可以創造心理距離**：如果能讓問題變成一個具體存在的事物、與自己拉開距離，就更容易客觀看待。
- **可以讓你更容易獲得協助**：透過書面的問題陳述，能讓諮詢對象更容易為你提供有效的協助。
- **可以作為討論的檢查點**：每當有人提出想法，你可以將討論迅速導向問題陳述：「這個點子能夠解決這項問題嗎？」（有時某個想法可能讓你考慮更改原本

的問題陳述，這也是好事。畢竟問題解決的關鍵並不在於堅守既有框架，而是要找出「對的問題」與「好的解決方案」。）

- **可以留下書面足跡**：為客戶工作時，留下書面的問題陳述將有助於在未來避免衝突。人類的記憶很容易犯錯，要是沒有將問題書面化，客戶有可能會記錯他們要你解決的問題。

你的問題屬於哪一類？

1960 年代，在創造力研究領域歷經約十年的發展之後，著名教育學者葛佐斯（Jacob Getzels）提出他的重要觀察。他指出，學校教學生解決的問題，往往與現實生活中遇到的問題大不相同。

在學校裡，問題呈現的方式往往既清楚

又條理分明:「有個三角形,已知其中兩邊長度,請問第三邊長度為何?」而且一定是出現在介紹畢氏定理那章的最後,以確保我們對問題具有充分認識。葛佐斯稱之為「給定的問題」,遇到這種問題時只要套用特定解決方案,結果基本上不會太差。

當我們剛出社會時,工作上遇到的問題往往也非常明確,有既定做法可循(像是「研究一下這幾份報告,幫老闆彙整出最新市場趨勢」)。但隨著工作日久、職位漸高,要處理的問題就會愈來愈複雜,於是問題常以下面三種形式出現,每種形式都會帶來不同的挑戰。若要掌握問題診斷技巧,必須深入了解這三種狀況。

狀況1:說不清楚、講不明白的痛點

當我們還沒弄清楚問題是什麼時,就已經明確感受到問題的存在,也就是所謂的

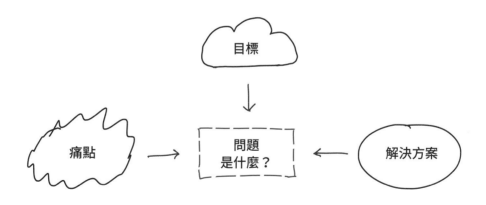

「痛點」。有些痛點有如戲劇性的突然降臨，讓人感受強烈（像是「我們的業績正如雪崩般暴跌」）；有些則是讓人隱隱作痛、慢慢煎熬（像是「我的職涯發展陷入停滯」、「我們的產業正在衰退」、「我姊的情況似乎不太樂觀」）。

痛點有時令人難以捉摸。在臨床心理學領域，心理治療師笛夏德（Steve de Shazer）估計，約有三分之二的患者在剛開始治療時，無法明確說出自己想解決的問題是什麼。職場問題也是如此，當有人跟你說：「問題在於我們的企業文化」，幾乎可以肯定他說的其實是：「我們壓根不知道問題是什麼」。

這些痛點常會讓人病急亂投醫、急著想執行任何解決方案，而忘了該先好好思考目前的情境。以下舉一些典型的例子，請注意他們怎樣突然就從痛點直接跳到解決方案。

- 新產品賣得很差。<u>我們一定得要投入更多行銷資源才行。</u>
- 調查顯示有74％的員工常常覺得無法投入工作。<u>我們必須更清楚傳達公司的宗旨。</u>
- 我們工廠違反安全規定的情況實在太嚴重。<u>我們需要把規則訂得更明確，可能也需要把處罰訂得更嚴。</u>
- 我們的員工很抗拒公司改組。<u>我們必須推出訓練計劃，好讓他們~~學會乖乖聽話~~的接受改組。</u>

倉促選用某些解決方案時，背後的邏輯可能大有問題，像是「我的另一半一直覺得壓力很大，我們老是在爭吵。如果能生個孩子、甚至生五個，一定能讓情況大幅改善。」這類解決方案通常看起來很合理，甚至在過去曾經確實有效。然而，當時的問題並不一定等同於你現在所實際面臨的問題。

狀況2：完全不知要如何實現的目標

我們現在的位置 　→　一片迷霧　→　我們想去的地方

　　問題看起來也可能像是某種難以實現的目標。商業界一個典型的例子，就是所謂的成長差距（growth gap）：領導團隊把營收目標訂到2,000萬美元，但正常銷售額就是只能賺到1,700萬。到底要怎樣，才能再生出300萬美元來？在企業宗旨或新任執行長宣布的成長策略當中，常常就會訂出這樣的目標：「我們希望成為市場的領導者。」

　　面對某個痛點的時候，至少還算有個出發點，但當面對看似難以實現的目標就難說了，光是思考到底要從哪裡開始著手，就可能讓人全無頭緒。「我要怎麼找到長期交往的對象？難道要在大街上向陌生人大吼大叫，但似乎效果不是很好。」

　　在這種時候，你只知道現在的做法還有所不足。面對難以實現的目標，我們必須想出新的點子，而不能只是死抱著過去的做法。（當然，也是因為這樣，讓領導者很喜歡訂出這種目標。）

　　要解決問題時，這種目標導向的問題有一項特徵：需要做到**機會辨識（opportunity identification）**。雖然一般來說，機會辨識屬於創新研究的領域、而不是問題解決的領域，但機會辨識所需的技巧會和重組問題框架及尋找問題密切相關。舉例來說，許多成功的創新都是因為重新思考「客戶真正在意的是什麼」，而不是去思考市面上現有解決方案想解決的問題。

狀況3：有人莫名迷戀特定解決方案

　　最具挑戰性的一種情況，是有人要求你一定要做到某種解決方案。想像有個客戶要求平面設計師：「我的網站要有一個大大的

綠色按鈕。」如果是新手設計師，大概會乖乖放上一個按鈕，但之後客戶很有可能會回來抱怨：「這個按鈕沒有我要的功能啊！」（還有更妙的：「雖然我說綠色按鈕，但你們應該要知道我的意思是紅色開關嘛！」）如果你不知道某項要求到底是為了解決什麼問題，乖乖辦事可不見得是個好主意。

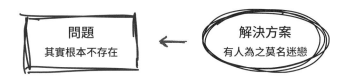

意識到這種現象之後，你就會發現這種「解決方案導向」的心態無所不在。以下列出一些例子，有一個後面還會再提到：

- 「我們應該要做一個應用程式！」
- 「我的夢想是要開一家賣義大利冰淇淋的店。」
- 「我看到一個很酷的網站，可以讓員工分

享他們的想法。我們也該來弄一個。」

有時候，我們會莫名對某個想法迷戀不已，覺得「我們應該要做這個！」，卻完全沒有證據顯示這項解決方案能解決現實生活中的某項問題。（「你問這能解決什麼問題？當然是要讓世界變得更好啊！」）有時候，這會被稱為「先有解決方案，再來找問題」。這種情況造成的麻煩可能更大，因為如果硬推某個糟糕的解決方案，造成的影響可能不只是浪費時間和金錢那麼簡單，更可能帶來實質的傷害。

另外還有一種可能，就是這種解決方案又會變形成另一個問題。以前面的「電梯太慢」問題為例，或許就會是某天房東找上你，說：「我們得擠出錢買新電梯。你能不能幫我想想，可以把哪些預算砍掉？」

好好檢視問題

真正開始設法重組問題框架之前，最好先針對問題陳述，重新全面檢視一次。

以下列出的幾個問題，有助於重新檢視問題陳述。你可以從中培養自己的問題識讀素養，也就是開始了解問題是如何被框架起來。另外，表中也有一些典型的重組問題框架小技巧，雖然這些技巧不足以自成一章，但仍然很值得注意。

1. 陳述是否真實？

每次當我談到「電梯太慢」的經典案例，總會發現大家都忘記問一個關於問題框架的基本問題：「這台電梯真的算慢嗎？」

不知道為什麼，只要有人抱怨電梯很慢，大家就會認為這是不爭的事實。但其實還可能牽扯上許多其他因素：有可能純粹是個感覺問題，也可能只是顧客意圖調降租金

的手段，諸如此類。

檢視問題陳述時，很適合用來開頭的問題就是：我們怎麼知道這是真的？事情有沒有可能不是這樣？

- 我們出貨到市場的時間真的晚了嗎？追蹤報告的資料是怎麼來的？
- 這份關於大規模毀滅性武器的報告，究竟有多可靠？
- 兒子的數學老師真的像我想的那麼爛嗎？他以前的學生期末考試考得怎樣？
- 有報告說我已經死了，這會不會太誇張？

2. 問題框架本身是否自我設限？

有時你只要讀讀自己的問題陳述，就會發現問題本身已經造成許多不必要的限制。

以我哥哥葛瑞格斯（Gregers Wedell-Wedellsborg）的經歷為例。當時是行動網路發展初期，他在丹麥電視台TV2工作。某

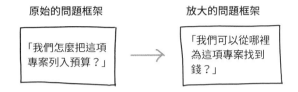

原始的問題框架 　　　　　 放大的問題框架

「我們怎麼把這項專案列入預算？」　→　「我們可以從哪裡為這項專案找到錢？」

天，他底下幾名員工萌生一個點子：要不要針對「透過手機觀看」的用戶來發展一些內容？

他很喜歡這個點子，但問題是：行動內容服務還在起步階段，尚未出現可行的商業模式，而且電視台當時正在縮減預算。這麼說來，要在當年就為這個點子安排預算並不容易，隔年的話也許還有點可能。

但他很快就發現自己把問題想得太窄了：誰說這筆錢一定得由TV2出？只要找到一小筆資金，就能讓這個專案起跑。於是他帶領團隊開始設法尋找外部合作夥伴。

過沒多久，資金就有了著落。一家丹麥行動電信業者對這個專案非常感興趣，若讓TV2製作大量影片內容，就能透過行動網路

資料流量來增進營收，同時還能帶動智慧型手機的銷售。隨著這個實驗性專案的正式展開，最終不僅讓TV2成功跨足行動內容市場，而且在幾乎沒花什麼成本的情況下，讓TV2穩居市場龍頭地位。

想知道自己是否自我設限嗎？方法很簡單，只需重新檢視問題框架，並提出以下問題：我們目前的問題框架如何、會不會太過狹隘？我們是否對於解決方案添加不必要的限制？

3. 問題框架是否「預設」某種解決方案？

幾年前，我和其他人合授一門MBA選修課，請學生做一項創新專案。其中一個團隊這樣描述他們的專案：「我們希望研究出更好的營養教育，好讓學生的在校飲食更健康。」

這段問題陳述背後的假設顯然是：「人們缺乏相關知識，所以沒有選擇健康飲

食」。這個框架大有問題。事實上幾乎所有商學院學生都有能力判斷眼前的食物是否健康，畢竟很少人會覺得「薯條算是一種蔬菜」吧？

同樣的，很多人在為問題建立框架時，心裡其實已經有某個特定的解決方案。例如右邊這個問題陳述是出自於我參與過的一項公司提案，目的是促進性別平權。

請注意，在一開始的問題陳述裡，就已經預設了解決方案（「應該要打造更多女性楷模」）。這裡的重點並不在於這項問題診斷是否正確，而是希望你能注意到這種框架，好提出質疑。

對「重組問題框架」缺乏了解的人，通常就會接著問：「那我們該如何幫助更多女性成為楷模呢？」這樣一來就會落入陷阱，把彼此困在某些不需要、也沒益處的問題框架當中。

相對的，受過「重組問題框架」訓練的

> **問題**
>
> 我們沒有為女性領導人提供足夠的協助，好讓她們成為有效、可見的員工楷模。

人會問：「還有沒有其他影響性別平權的因素？」「我們的晉升管道有沒有問題？」「非正式的人際關係有沒有影響？」「女性是不是比較少機會能夠接觸到高層決策者？」

就算到頭來並未改變最初的問題診斷，但光是提出這些問題，就能夠增加找到優秀解決方案的機率。

4. 問題夠清楚嗎？

在前面的例子裡，他們提出的問題陳述已經很清楚，這對「重組問題框架」來說是個很好的開頭。相較之下，讓我們看看另一位客戶提出的問題陳述：

> 我們的問題在於，需要提高開發
> 新客戶的獲利率（總營收）。

這項陳述其實並沒有真正點出問題，而是把目標寫成問題的模樣，再稍微提及他們希望獲利可以從何而來。像這樣的「問題」陳述，常常代表這群人必須改變觀點，不能只想著自己的問題，而是要找出**客戶會關心的問題**，像是「有什麼方法能吸引新客戶上門」、「為什麼留不住新客戶」。

下面是第二個例子。這家公司有很多優秀員工都跳槽了。

目標	將離職率從14%降到低於10%
問題	5個月以來已經嘗試各種辦法，但完全沒效果

這是一個典型的痛點陳述：我們已經試了5個月，但完全沒效果。像這種情況，就很可能適合運用「重組問題框架」。

假設確實存在某種解決方案，我們很有可能只要重新思考問題，解決方案就能信手捻來，而不需要花上5個月不斷嘗試與犯錯。雖然我們後面才會正式介紹「重組問題框架」的策略，但這裡可以先試用一下其中兩種。你可以：

重新思考目標。有沒有更好的目標？舉例來說，與其避免離職，是否能做些什麼事再把被挖角的人給挖回來？我們能不能找到辦法，在員工在職時，讓他們發揮更高的價值？能不能重新思考招聘方式，從一開始就招攬比較不會離職的人？如果有某些特質的人就是比較會離職，而使我們投入的培訓成本甚至無法回本，是不是一開始就不該招進這種人？

檢視亮點。除了問員工為什麼要離開，

我們還可以問員工**為什麼會留下來**？去找公司裡的頂尖人才，了解我們在他們身上做對了什麼，才讓他們拒絕其他更高的薪水、更有趣的工作。與其改善缺點，我們是否能增強這些優點？同一個業界裡，是否有某些企業的離職率比較低？我們可以從中學到什麼？過去我們從強大對手那裡挖來的人呢？這些人為什麼選擇加入我們？我們能不能進一步善用他們與前同事的人際網路？甚至將他們變成公司的個人大使？

5. 目前認定問題出在誰身上？

描述問題之所以該用完整句子，原因之一就在於可以讓人看到那些很微小、但又很重要的細節。例如觀察是否用到像「我們」、「我」、「他們」之類的字眼，就可以看出當事人看待這個問題的角度。

當事人是否覺得問題完全是別人所造成？（「問題在於夜班的人超級懶。」）或

者覺得自己也有部分責任（例如之前提過的「我們沒有為女性領導人提供足夠的協助，好讓她們成為有效、可見的員工楷模。」）

當事人是否想把問題推給高薪或高層人士，好讓自己安全脫身、無須負責？（「除非執行長正視這個問題，否則我們無法創新。」）還有一種最嚴重的情況，就是當事人完全無法判斷誰該為問題負責（「問題在於本公司的文化過於僵化。」）

等到後面談到「照照鏡子」這個「重組問題框架」的策略，我會進一步分享一些實用的思考方式，包括去質疑自己在造成問題的過程中所扮演的角色。

6. 問題陳述是否帶有強烈的情緒？

到目前為止，我們分析過的問題陳述多半屬於中性，不是那種冷冰冰的語氣，也不會讓人覺得專案團隊已經氣到快要爆血管。相較之下，看看下頁這位經理寫的問題陳

> 這些沒用的流程根本是亂訂
> 那些人就是沒‧有‧設‧計‧思‧維！！！

述，或許我們可以說，他大概算是森林裡最不快樂的小動物了。

安特衛普商學院教授伯曼斯（Steven Poelmans）曾給過我一項十分實用的建議：永遠要進一步研究那些帶著強烈情緒的字詞。看到句子裡有「亂」、「沒有設計思維」（其實也就是在罵別人「白痴」），就可以判斷這裡的問題已經不僅限於邏輯或事實層面了。

此外，在你覺得別人很愚蠢、自私、懶惰或冷漠時，請務必再多想一下、想得更深一點。常常只要你了解到其他人面對的困難，原本那些看起來再愚蠢不過的舉動也會變得完全合理。（當然，也有些時候會證明你原本的判斷完全正確。）等到後面談到「用別人的觀點」這項「重組問題框架」策略時，還會再詳細介紹這個主題。

7. 是否帶有錯誤的妥協？

最難發現的一種問題，是把問題包裝成一種妥協，要你在兩個以上早就訂好的選項中做選擇，像是：「你選A還是B？」

對不良問題框架的妥協，是決策者很容易掉進的一種經典陷阱。只是因為有幾個選項可選，就會讓人誤以為自己已經做好全面的考量、有選擇的自由，但事實上可能還有許多更好的選擇。

也有些時候，一開始設計選項的人是刻意想把你帶往某些結果。舉例來說，美國政治家季辛吉（Henry Kissinger）曾開過一個著名的玩笑，說行政官僚如果想維持現狀，就會向制定政策的人提出三種選項：「核戰、現行政策，或是投降。」

然而一般來說，那些選項背後並不是真的有人刻意操控，只不過是有人認為「本來就是這樣」、或是「大家都這麼做」，像是「你想要求品質還是節省成本？」「你的應用程式是希望能夠使用簡單，還是要有很多可以自定的選項？」「在這場行銷活動裡，你是希望能接觸到廣大客群、還是想精確瞄準特定客群？」

專門研究問題解決的學者馬丁（Roger L. Martin）等人已經證明，比較有創意的人通常不會接受這種妥協選項。一般人可能已經開始忙著分析各個選項的成本效益、想知道哪個是最不爛的選擇，但如果是高明的問題解決者，則會更深入探討問題本身，找出另一個更好的新選項。

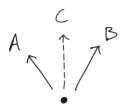

要能做到這點，首先就必須有打破框架的習慣，去問：「這個選項的問題框架是怎麼建立的？」「真的只有這些選項嗎？」「我們到底要解決什麼問題？」

下面的故事，講的就是我遇過一位解決問題手段最高明的人，看看她怎麼應對這種假裝成需要妥協的問題。

怎樣為皇家棕櫚俱樂部的潮男潮女供應食物

成功的創業家雅伯特（Ashley Albert）來到佛羅里達（當時她是為了參加一場BBQ比賽裁判的認證，從中你應該可以看出她是怎樣的人），發現當地公園裡的沙狐球場（shuffleboard court）擠滿年輕的潮男潮女，大家似乎很熱愛這項運動。

這讓雅伯特和她的商業夥伴施納普

（Jonathan Schnapp）靈機一動，在布魯克林充斥著文青潮人的格瓦納斯區（Gowanus）開一家類似的場所：皇家棕櫚沙狐球俱樂部（Royal Palms Shuffleboard Club）。他們立刻就得做出一個艱難的抉擇：俱樂部裡要不要供應食物？

任何有餐旅業經驗的人都知道此事非同小可，供應食物是個大麻煩：有衛生檢查的問題、需要額外人力，還有許多行政管理負擔。更糟的是，賣食物賺得並不多，真正賺錢的是飲料、尤其是酒類。這一切看來，雅伯特和施納普都應該堅持只賣飲料就好。

問題是，我們知道文青潮人很需要三不五時吃吃喝喝，要是皇家棕櫚不供應食物，顧客大概只會待一兩個小時。對於雅伯特和施納普來說，這絕對不夠，他們需要這些潮男潮女待上整晚，讓他們可以盡情交流，過程中酒水就會扮演著關鍵的角色，獲利也滾滾而來。

對於這樣的兩難，大多數老闆最後都只能一咬牙，承受賣食物所帶來的經營負擔。也有一些老闆選擇避免這樣的負擔，但代價是得面對全場空蕩蕩的晚餐時間。雅伯特決心想要找出第三種選項，她告訴我：

> 我們手裡的兩種選項都不好，所以我們開始腦力激盪，思考另一個問題：我們要怎樣才能既得到賣食物的好處、又能避開賣食物的壞處？顯然現有的各種選擇（像是用外送服務、與附近的餐廳送餐服務合作）都派不上用場，但我們還是不斷發想，最後找出一個據我所知沒人做過的新點子。

今天，如果你走進皇家棕櫚俱樂部，會看到典型的布魯克林年輕人在那裡打沙狐球，他們留著鬍子、一身牛仔流行打扮，處處展現著獨特的時尚品味。在俱樂部右邊角落則有一些意想不到的東西：一道門通向雅伯特和施納普在旁邊蓋的車庫。車庫裡每晚

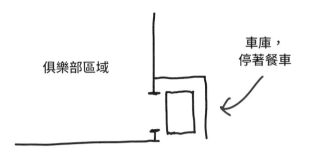

俱樂部區域

車庫，
停著餐車

都會停進一輛在紐約隨處可見的餐車，為這些潮流男女提供食物。

這套解決方案簡直完美。由於備餐作業完全在餐車裡進行，用的是餐車老闆的許可證，於是雅伯特就可以省去申請餐廳執照的麻煩。此外，這樣的營運方式也讓她得以依據節日和季節的變換，自由調整不同的食物類型。

對於餐車老闆而言，整晚餐車都圍繞著用餐的潮男潮女，特別在寒冬夜裡，這真是夢寐以求的好事。此外，由於俱樂部的飲料及酒類收入相當可觀，甚至還能夠為餐車老闆保證最低收入，避免偶爾幾晚業績實在太差的窘境。

但那項保證根本是多餘的。在本書寫作的同時，這家俱樂部賺到的錢已經讓雅伯特在芝加哥開設第二間沙狐球俱樂部。我問她為什麼挑上芝加哥，她說：「我們希望找個天氣差的地方，好讓人想要待在室內。」

最後提醒：現在先別擔心細節

上述七個問題應該對你有所幫助，但你想問的問題絕對不只這些。隨著你愈來愈懂得重組問題框架的方法，也會愈來愈熟悉建立問題框架時容易犯下哪些錯誤。

只要完成對問題陳述的初步檢視，就已經完成「建立框架」的步驟（別忘了這個周而復始的循環：建立框架、重組問題框架、前進）。在我們開始下一步（重組問題框架）之前，我想先提醒一下在這個階段**不該**做的

事。如果你曾經接受過目標設定、行為改變或類似的專業訓練，看到這裡的某些陳述可能就會覺得心癢，想要把它們變得更具體、更可行：「『健康飲食』是在說什麼？講得太模糊了！應該改成『每天至少吃三份蔬果，而且炸薯條不算。』」

想弄清楚細節的本能，的確未必是壞事。正如幾十年來行為改變相關研究告訴我們的，若能設定明確、可衡量的目標，並清楚闡明達成目標所需的行動，成功機率自然更大。想要促成改變，確實不容模糊。

但值得注意的是，這裡有個危險的陷阱。就目前這個階段來說，太早開始專注於細節，很可能會迷失在細節之中，忘記去質疑問題的整體框架。記得要先見林、再見樹，如果還無法確定自己正在解決「對的問題」，就別急著擔心那些問題陳述的細節。

因此，接下來我們就要正式進入五項重組問題框架策略中的第一項：「跳出框架」。

為問題建立框架

在重組問題框架之前，肯定得先找出問題現有的框架，作為整個流程的起點。做法如下：

- 詢問「我們現在要解決什麼問題？」用這個問題開始重組問題框架的流程。你

也可以問：「我們在解決對的問題嗎？」或是「我們先重新看一下問題。」

- 如果可行，也可以快速寫出問題陳述，用幾句話把問題描述出來。記得段落勿冗長、並使用完整的句子。

- 在問題陳述旁邊列出主要的利害關係人：這個問題會與誰利益相關？

等到找出初始的框架，就能快速加以檢視。特別注意以下面向：

- **這項陳述是否真實？**這台電梯真的速度很慢嗎？是和誰相比？我們是怎麼知道這件事的？
- **裡面是否有自我設限的情形？**在 TV2，員工是問「我們可以從哪裡找到錢？」，而不是直接假設這件事得用自己的預算。
- **在問題框架中，是否已經「預設」某種解決方案？**最初的問題框架常常已經指向某種特定答案。雖然這不一定是壞事，但必須要注意到這種情形。

- **這項問題夠清楚嗎？**問題並不一定只能以問句的形式來呈現。有時候看起來就像是一項目標、或是一個痛點。
- **目前認定問題出在誰身上？**例如像是「我」、「我們」、「他們」這樣的用詞，可能就暗示著誰該為這項問題負責。有哪些人沒被提到或暗示到？
- **其中是否帶著強烈的情緒？**若出現情緒化用詞，通常代表值得進一步研究。
- **其中是否有錯誤的妥協？**誰定義出目前得到的選項？你能不能找出比這些選項更好的替代方案？

等到完成了初步檢視，就代表完成了第 1 步（建立框架），就可以準備進入重組問題框架的步驟。

第 4 章

跳出框架

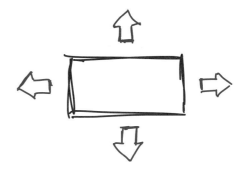

一項簡單益智問答

紐約　　　　　　　　　　　　　　利哈佛

我們的船

19世紀，法國數學家盧卡斯（Édouard Lucas）給同事出了一道題。要解這道問題並不需要任何數學技能，理論上花不到一分鐘，但他的同事卻都沒解開。

你能不能打敗專業數學家？這保證不是什麼腦筋急轉彎，題目裡不是在猜字謎、不用把書倒過來看、也不用把書泡到檸檬汁裡才會出現隱藏字跡。

在還沒準備好要看答案之前，請先不要翻到下一頁。（就算你懶得好好想，也請先快速猜個答案，再繼續往下。）

紐約-利哈佛問題

日安船運公司在紐約和法國利哈佛（Le Havre）之間有一條直航航線，每天雙向各有一個航班：在紐約中午12點發船開往利哈佛，同時在利哈佛也發船前往紐約。單程的航程需時剛好7天7夜。

問：如果你今天乘坐日安船運的船從紐約出發，在抵達利哈佛之前，**會在海上遇見幾艘該公司的船**？請注意，這裡只計算該公司的船，而且也只計算在海上遇到的船（也就是在港口裡遇到的不算）。

準備好要看答案了嗎？

有些人會猜6艘或8艘。但只要經過仔細思考，大多數人的答案會是7艘；如果你的答案也是7艘，恭喜你和大多數人相同。

只可惜仍然不對，因為正確答案是13艘船。真的，13艘。我很快就會提出解釋。

問題框架太狹隘，有多危險？

這個益智問答呈現出一個關於問題解決的常見陷阱：問題框架過於狹隘。

簡單說來，我們考慮問題時，想法並不是真正的中立；而是在一片混亂之中，彷彿潛意識先為你過濾部分的問題，建立好問題框架，才交給你的意識來做考量。

這個預先建好的問題框架影響很大。因為你會細細思量問題框架裡的所有內容；但只要是不在框架裡的內容，就幾乎完全得不到目光。事實上，由於建立問題框架的過程常常都是在潛意識中進行（研究上說這是「自動」），所以我們甚至不會意識到自己看到的並非問題全貌。這正是「紐約-利哈佛問題」的陷阱所在。

數數有幾艘船

思考這個問題的時候，大家多半是這樣想的：

- 船程是7天7夜，所以我們可以算出這段時間總共有8艘船從利哈佛開出。（一種檢查辦法是套上假設的週一到週日，例如下一頁的圖示。）
- 在海上我們一定會遇到這些船，除了最後那第8艘。是在我們到港的時候發船，所以不能算；這樣最後的答案就是7艘。

這種算法雖然計算正確，但並不完整，因為它漏掉在我們發船時**已經在海上**的那些船。透過下頁的圖示，可以看出「不完整的

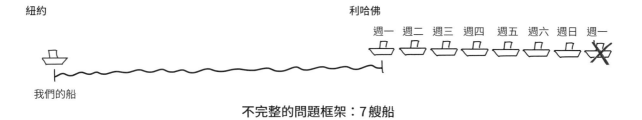

紐約　　　　　　　　　　　　　　　　　　　　　　　利哈佛

週一　週二　週三　週四　週五　週六　週日　週一

我們的船

不完整的問題框架：7艘船

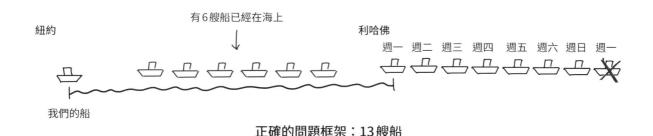

有6艘船已經在海上

紐約　　　　　　　　　　　　　　　　　　　　　　　利哈佛

週一　週二　週三　週四　週五　週六　週日　週一

我們的船

正確的問題框架：13艘船

問題框架」與「正確的問題框架」間的顯著差異。

　　如果你答對了，恭喜！你絕對有資格稍微得意一下。但如果你答錯了（而且大多數人都答錯了），就應該停下來想一下：**你為什麼會漏掉那6艘船？**畢竟，我們可不是在隨便聊聊的時候提出這個問題，這本書的主

題就是「解決問題」，而且一直強調我們平常對問題的思考方式有問題。所以，**你早就知道**這個問題一定有什麼盲點。

　　想解答為什麼多數人會答錯，就要知道除了「潛意識的問題框架」之外，還有其他影響因素。重點在於，在「紐約-利哈佛問題」之中，就算已經在框架**之內**，仍然有其

他問題太過醒目，吸引我們想要快點解決。像是在檢視一開始的框架之後，我們的注意力立刻就被用來思考這樣的問題：「到底一週會發出7艘還是8艘船？」「最後一艘怎麼算？那應該算是在港裡遇到的吧？或許還是應該算進來？」（接著就伸出我們的手指好朋友，一艘艘的計算。）

正因為問題框架裡有一些明顯問題需要解決，於是我們往往不小心就一頭栽進這些問題裡，完全忘記要去探究其他根本沒注意到的部分。

策略：別急著投入，先跳出框架來看看

專業的問題解決者會怎樣避免這種陷阱？他們會刻意避免深入研究眼前的細節，先在心理上把視角拉遠，檢視整體的情形；思考著：**目前的問題陳述裡，有沒有缺少什麼東西？哪些問題是我們還沒想到的？在框架之外，哪些是還沒注意到的因素？**

許多不同領域的專家都有這種「拉遠視角」的習慣。像是研究設計的學者多斯特（Kees Dorst）就發現，專業設計師與客戶合作時，「不會直接切入核心的矛盾點，而會先從周遭的議題下手。他們會從更廣的問題情境裡面尋找解決問題的線索。」

醫師也一樣。山德斯（Lisa Sanders）的《診療室裡的福爾摩斯》（*Every Patient Tells a Story*，關於醫學診斷的絕佳入門書籍）也提到，優秀的醫師絕不會只注意病人對病情的主述，而是會從整體來診療，包括患者的症狀、病史等等。這樣一來，醫師就有可能發現其他醫生忽略的某些線索，有時這些線索已經被忽略了幾年、甚至幾十年。

研究營運的專家也懂得這種「拉遠視角」的技巧。在製造或職場安全等領域的問題解決專家，受到「系統思考」（systems thinking）這項重要學科的影響，能夠不受限於各種事故的直接原因，懂得尋找更高層

次的系統性原因。像是：「好的，狗把你的作業吃了。但又是誰把作業放在狗碗裡，還撒上飼料？」

這些辦法的核心概念相同，都是要你先跳出框架，別急著研究各種明顯的細節。以下四種策略，能協助你避免在建立問題框架時過於狹隘。

1. 跳出自己的專業

我們擅長
解決的問題

✕

我們實際
遇到的問題

哲學家卡普蘭（Abraham Kaplan）在1964年出版的《探究的行為》（*The Conduct of Inquiry*）中提出所謂的「工具定律」（the law of the instrument）：「給小男孩一把鎚子，他就會覺得遇到的所有東西都該敲一敲。」

卡普蘭這則有趣而令人難忘的定律，並不是出自於觀察木匠家庭的孩子，而是出自於觀察科學家。他發現，科學家思考問題的方式，常常會剛好能夠符合自己最精通的那種研究技術。

會這麼做的不只有科學家。大多數人思考問題的方式也會符合自己的「鎚子」，也就是符合自己喜歡的工具或分析觀點。有時候，這些預設的解決方案實在行不通，就會逼得他們得要重新考慮自己使用的方法。但另一種情況的結果可能更糟：他們選擇的解決方案確實有用，但因為不假思索就將這把鎚子當作預設值，也就錯過找出更好的辦法。

有一次，我在巴西和一群資深主管合作就碰過這樣的例子。當時這群主管被要求為執行長提供點子，希望提高公司的市值。

這群主管運用他們的財務專業知識，迅速列出各種可能影響股價的因素：本益比、債務比、每股盈餘等等。然而，執行長早就知道這些因素了，而且並不容易操縱，於是這群主管感到有些挫折。但當我提示他們不妨把視角拉遠、想想自己的問題框架是否缺了什麼，一些新點子很快就出現了。

（如果你也想試試，可以在此先暫停一下，猜測這群人最後想出什麼辦法。提示：這項見解最後是由人資主管提出的。）

────────

這位人資主管提的問題是：「平常是誰在負責聯絡分析師？」市場分析師打電話給公司要資料時，公司一般派出的是比較資淺的員工，但這些人並沒有受過與分析師對話的訓練。一發現這個問題，整組人立刻知道自己為執行長找出新的切入點。

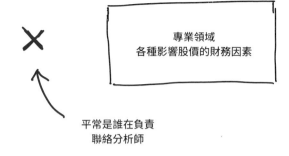

這個故事的另一項重點，在於點出邀請外部人士參與「重組問題框架」有多重要。因為股價表面上看來顯然是個財務問題，開會討論時也就可能只會請財務領域的員工與會。但當時就是因為決定邀請人資主管（非屬財務領域）與會，才讓大家得以跳出財務的框架、從以人為本的觀點進行思考。

然而，光是讓房間裡有其他領域的人在場還不夠，你必須主動積極邀請他們提出其他的框架。想做到這一點，一項有效的辦法就是運用「拉遠視角」的策略，探討現在還欠缺什麼。

先把鎚子放下

　　對於卡普蘭的工具定律，我快速補充一點：有個預設的解決方案，其實不一定是壞事。雖然有時候，盲目使用預設方案確實會有問題（像是只有一次解決問題的機會，或是如果出錯有可能造成傷亡），但除此之外，抓起自己最熟悉的鎚子不一定總是個錯誤。恰恰相反，我們之所以會偏好某項工具，常常正是因為這項工具在過去實在好用，輕鬆解決大部分的問題。而面對一個不熟悉的問題，用自己最熟悉的工具來處理，是個完全合乎邏輯的辦法。

　　真正出錯的地方是在鎚子顯然已經沒用之後，還堅持敲個不停，像是「我的另一半每次出門總是拖拖拉拉搞到快要遲到，我再怎麼大吼大叫也沒用。我下次或許應該要繼續大吼大叫。過去的50次失敗，有可能只是統計上的問題而已。」

　　如果你已經反覆運用自己偏好的方式，但問題仍然無法解決，很有可能就是你該改變對這個問題的思考框架了。犯罪推理小說家布朗（Rita Mae Brown）曾說：「所謂精神錯亂，就是把同樣的事做了一遍又一遍，卻期待能有不同的結果。」

2. 檢視更早發生了什麼事

我們注意的時間區段

更早發生的事件

　　想想看你會怎麼應對這種情況：

你正值青春期的女兒提前從學校回來，她顯然心情很糟。你問她怎麼了，她說剛才和老師大吵一架，然後就頭也不回的衝出

課堂。她平常不會這樣，她通常是個很有禮貌的好孩子。

這個時候，你該問她哪些問題，好讓你更了解到底發生什麼事？

通常這時，父母會拉近視角，專注在那些「明顯」的細節上：「你們為什麼會吵起來？老師說了什麼？你回了什麼？為什麼你這麼生氣？」再仔細分析這些對話，然後得出結論：「我女兒愈來愈叛逆了，大概青春期都這樣。」或是改成去怪老師：「老師是班上的大人，不是該更懂得怎麼處理這種情況嗎？學校真該找一些更好的老師！」

然而，如果是受過專業培訓的學校輔導人員，很可能會問另一個問題：「你今天早上有吃早餐嗎？」很多人不知道，有沒有吃東西，可能會引發文明討論或大吵一架兩種截然不同的結果。（另一種常見的原因則是睡眠不足。）

這個早餐問題就像前面的船隻問題，有時如果能注意一下「在目前關注的事件之前發生什麼事」，就能得到新的觀點。例如：

- 我們的員工上一次試著創新時，發生了什麼事？
- 在找我們求助之前，客戶試過哪些解決辦法？
- 關於這座偏僻的森林小屋，上次一群青少年租下來之後發生什麼事？

當然，這裡有程度的問題。如果回顧得太遠，可能就只是在考慮某些已經難以改變的深層歷史因素。但無論如何，還是請你考量時間因素，檢查自己是不是把觀察的期間設得太狹隘。

3. 尋找隱藏因素

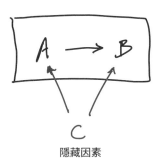

隱藏因素

如果問學者什麼叫邏輯謬誤，可能有人會回答是「**誤把相關性視為因果關係**」。光是因為兩件事常常同時發生，並不代表兩者間有因果關係，常常有另外的第三件事才是罪魁禍首（科學家把這第三件事稱為「混淆變項」）。以下是一個例子。

棉花糖實驗到底代表什麼？

如果你喜歡讀科普書，有可能聽說過棉花糖實驗（marshmallow test）。在這項實驗裡，史丹佛大學心理學家米歇爾（Walter Mischel）等人在小孩面前放下棉花糖，一次一顆，然後告訴他們：「只要你能忍住15分鐘不吃，我就會再給你一顆棉花糖。」接著研究者離開房間，並偷偷觀察接下來發生什麼事。

米歇爾等人認為，孩子延宕滿足（delay gratification）的能力可以用來預測成年後的成功程度。那些能夠抵抗誘惑的孩子，以後會成為健康、高成就的年輕人。至於意志力低落的孩子就沒那麼成功了，非但比較不健康，許多其他成就指標的表現也較差。

假設之間有連結

| 自我控制程度 | → | 人生後來 |
| 以抵抗棉花糖誘惑的情形作為評斷 | | 的成功 |

於是我們學到重要的一課：想讓孩子成功，就要教他們意志力。只不過，這項研究真的告訴我們這件事嗎？

根據瓦茲（Tyler Watts）、鄧肯（Greg Duncan）與權浩楠（Haonan Quan）最近的研究指出，事情沒那麼簡單。在米歇爾等人的原始實驗中，參與實驗的是90名學齡前兒童全部是來自史丹佛大學校園的子女。而在新的研究中，瓦茲等人則是對900名兒童進行實驗來測試這項理論，而且很重要的一點在於，他們納入了背景沒那麼優渥的兒童。

結果發現：與這一切比較有關的不是意志力，而是財力。

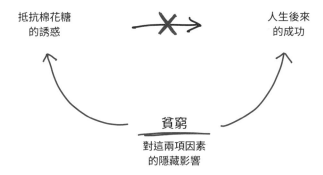

他們提出的解釋裡有很多細節，但大致的重點是：生活窮困的兒童會更快把棉花糖吃掉，是因為他們的成長環境無法確保明天還有食物，周遭的大人也不見得都能遵守承諾。相較之下，富裕兒童習慣的是比較可預測的未來，從來沒有挨餓的問題，從經驗裡也覺得大人通常會信守承諾。

把這種情況也納入考量之後，「能否抵抗棉花糖的誘惑」與「未來是否成功」的連結也就不那麼清楚了。想讓孩子成功，重點不在於延宕滿足，而在於提升社經條件。

下面這個例子則是找出商業上的潛在因果關係。告訴我這個故事的是一位財務高層，我們就稱他皮耶吧。皮耶在一家大銀行上班，上司要求他檢查公司的面試流程。那家銀行名聲響亮，許多優秀的人才都會前來申請，但面試過後，許多候選人最後卻不來這裡上班。

相關單位先檢討幾項因素：是不是面試太刁難？是不是薪資待遇沒有競爭力？銀行派出的面試官人選是否有關係？種種理論似

乎都無法解釋這種情形。

　　一直要到皮耶跳出框架，發現一項隱藏因素，才終於解開謎團：那些被回絕比率很高的面試**都是在舊大樓進行**。相較之下，只要面試是在銀行比較現代化的新大樓進行，前來面試的人選都很愛這家銀行，通常會將這間銀行當作首選。於是在那之後，一定會等到新人已經簽約報到、背後的金庫大門牢牢鎖上再也跑不了，才會讓他們看到舊辦公大樓。

4. 尋找情境當中不明顯的面向

　　前面兩項策略（檢視先前的事件、尋找隱藏因素）其實是一體兩面，講的都是要尋找因果關係。但不只是因果關係，還有其他因素也會「藏」在框架以外。如果想找出那些不明顯的解決方案，有時就必須仔細思考

某項物品或情境的特性。下面讓我們談談一項問題解決領域的知名問題。

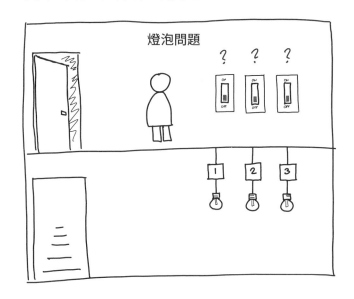

　　假設你的新家地下室有三個燈泡，但是出於某些原因，開關都在一樓，而且沒有標記。因為你的膝蓋在痛，所以希望盡量減少跑上跑下的次數。問題是：你至少要進地下室幾次，才能確定哪個燈泡對上哪個開關？事先聲明，所有燈泡都是好的，每個開關也

只控制一個燈泡，而且三個燈泡一開始都是關著的。

如果你想試著解解看，可以在此暫停。

只要你稍微想了一下，可能已經發現只要上下兩次就行，因為最後一盞燈可以用刪去法來判斷，所以不用跑上第三次。到這裡都還好。

但還有一種辦法，只要上下一次就能解決了。你想得出來嗎？同樣的，這裡不是腦筋急轉彎，也不用異想天開的做什麼鑽洞、重新拉線、仔細安排鏡子位置。這項解決辦法十分簡單且實際，完全不需要使用前面沒提過的工具、或是拜託其他人幫忙。

你可以試著想想看，但要有心理準備，這題沒那麼容易。我或許可以給個提示：這裡的一次性解決方案，需要考慮其中某一項物品的某一項特性，而這項特性並不是那麼明顯。想想看，燈泡除了發光以外，還有什麼特性？

一次解決方案

以下就是燈泡問題的一次解決方案：

1. 打開兩個開關。
2. 等一分鐘。
3. 關掉一個開關。
4. 下樓，**摸摸看**那兩個關掉的燈泡。其中一個應該會很燙。

如果你跟大多數人一樣，應該會覺得這個解決方案不如上下兩次的解決方案來得明顯。只不過，每個人都知道燈泡點亮後會發燙啊，為什麼這個解決方案這麼難想到？

問題框架將讓我們看見……

在思考問題時，我們的潛意識會希望盡力提升效率（有些學者就說大腦是個「認知吝嗇鬼」），於是只會把它認為最重要的特性放進問題框架當中。

像是在考慮燈泡問題時，你大概不會

去假設壁紙是什麼顏色、季節是夏天還是冬天，因為這些事情似乎與解決問題無關，你的心智也就理所當然的想也沒想。這樣一來，潛意識呈現的是一個簡化後的問題（心智模型），而你也開始研究這個問題，直到找出解答。

……卻也令我們遭到蒙蔽

這種簡化是件好事。要是無法快速拉近視角、檢視問題的關鍵，我們可能會滿腦子一直在想壁紙問題（但居家裝潢業者可就樂了）。然而，這也意味著現實生活能派上用場的許多因素或特性會遭到遺漏。

這裡的一項影響因素是所謂的「功能固著」（functional fixedness）：我們通常只會注意在事物最常見的用途（燈泡會發光），而忽略不太明顯的用途（燈泡會發熱）。

想找出那些隱藏的面向，可以問問以下問題：

- 情境中有哪些物品？
- 這些物品還有什麼其他特性？有沒有什麼非傳統的使用方式？
- 還有什麼可用的東西？

以下提出一個簡單的例子，解釋如何靠著找出情境中隱藏的因素，輕鬆解決問題。

假設你是迪士尼樂園的停車管理員，要管理樂園門口幅員遼闊的停車場。每天會有超過一萬個家庭造訪、停車、走進樂園。

巨大的停車場已經清楚分成不同區域，好讓民眾回家的時候方便找車：「我們的車就停在唐老鴨區的7B。」然而，每週還是會有大約400個家庭因為太陽太曬、玩得太快樂、戴著米老鼠耳朵的小孩太興奮，就是忘了車停在哪。這個問題要怎麼解決？

第一個想法，可能會覺得這種問題應該早有人解決過（這正是「亮點」策略的重點，後面會介紹）。只要去查查像是FedEx

之類的貨運業者，或是商業港口的貨櫃管理，就能找到很多解決方案，運用GPS追蹤、車牌掃描等等科技。

只不過這些做法相當昂貴。有沒有可能找出更聰明的解決方案，只需要現有的資源，而無須用上新科技？

確實有！迪士尼的停車管理員發現，遊客會忘記自己的車位編號，但不會忘記他們的到達時間。於是，正如記者格雷（Jeff Gray）在加拿大《環球郵報》（The Globe and Mail）所述：「迪士尼員工需要做的，就是記下每排車位在早上被停滿的時間。只要遊客還記得自己幾點到，員工就能找到他們的車。」

如果你打算一邊讀這本書、一邊解決自己手上的問題，現在是開始的時候了。請拿出你已經寫成書面的問題陳述，試著使用以下的策略技巧來解決。（請自行決定要花多少時間來解決問題，之後再繼續讀下去。）

如果你沒有解決這些問題的打算，可以只把以下兩頁當成章節回顧，跳過所有解決問題的說明即可。

跳出框架

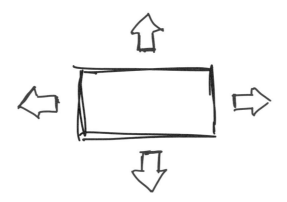

面對每個問題時，記得要跳出框架：

- 不要拘泥在明顯的細節。
- 想想看目前的問題框架可能遺漏什麼。

　請重新檢視你的問題，並應用本章所介紹的四項策略，試著跳出既有框架的束縛。以下是重點提要。

1. 跳出自己的專業

別忘了鎚子定律：我們思考問題時，常常會遷就於自己心有所屬的解決方案。像是在巴西管財務的人就是太重視股價的財務指標，於是忽略溝通面向。

請思考以下幾點：

- 你最喜歡的「鎚子」（也就是你最擅長的解決方案類型）是什麼？
- 你的鎚子適合哪種類型的問題？
- 如果目前手上的問題並非那個類型，要怎麼辦：問題可能是哪些類型？

2. 檢視更早發生了什麼事

請回想前面提到和老師大吼大叫的例子，可能是一項先前的事件所造成：「你今天早上有吃早餐嗎？」

請思考以下幾點：

- 你思考這個問題的時候，如何考慮時間因素？
- 在你注意的這段時間之前，是否有什麼事值得注意？
- 相對的，在你注意的這段時間之後，是否還有什麼事值得注意？舉例來說，大家是否會因為害怕某種未來結果，於是採取某種行動？

3. 尋找隱藏因素

回想一下棉花糖實驗，當時的研究人員竟沒有注意到貧困造成的影響。又或者想想皮耶的例子，他發現是公司的新舊辦公大樓影響人才招募。

請思考以下幾點：

- 是否有其他的利害關係人是你還沒有考慮到的？
- 有沒有更高層次的系統性因素影響相關人員？

4. 尋找情境當中不明顯的面向

回想一下燈泡問題：靠著某個沒那麼明顯的特性（燈泡會發熱），就能夠找出比大多數人的想法更有效的解決方案。

- 在你想解決的問題或情境當中，是否有某些比較不明顯的面向？
- 是否有什麼資料可以提供協助，或是有什麼手上現有的資源？
- 「功能固著」現在對你有何影響？

- 最後，還有沒有其他「框架之外」的事情是你還沒注意到的？某些動機？某些情緒？某些被你忽略的人或團體？請簡單的思考這些問題，然後讓我們繼續下去。

第 5 章

重新思考目標

為什麼需要質疑目標

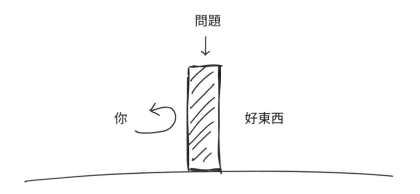

問題

↓

你 ← 好東西

遇到問題時，我們常將其視為阻礙。這些惱人的事擋在前方，阻礙我們繼續實現目標，無論是金錢、快樂、幸福、或者是擊敗頑強宿敵。

「問題等於阻礙」的想法乍看之下相當合理，畢竟我們都曾為僵化的流程、難搞的同事、綁手綁腳的法規所羈絆。然而，這個想法藏著微妙的陷阱。一旦注意力被阻礙所吸引、一心想解決阻礙，將讓人忘記真正重

要的事：我們正努力實現的目標。

在許多人的一生中，大多數的目標似乎總能莫名其妙獲得不受檢視的豁免權：擊敗對手、發展業務、推動創新、升上領導管理職位。這一切似乎都是值得追求、再適當不過的目標，想都不用想。工作之外也有類似的例子，像是取得學位、找個對象、買間房子。這些目標已經在我們的文化敘事裡深深扎根，經常讓我們根本忘了要回頭質疑這些

目標。

　　以上所述，並不是指這些目標不好、必須全力避免。在大多數情況下，其實這些都是好事，只不過並非**永遠**如此。

　　有時候，想要取得突破性的進展，關鍵不在於分析阻礙，而是要提出另一套問題：

- 我們追尋的目標正確嗎？
- 還有沒有更好的目標？

　　這正是「重新思考目標」的重點。下面我們來看馬泰歐這位主管的例子。

尋找更好的目標

　　馬泰歐接手審查組長職位時，小組還正忙著完成前任組長的一項遠大（但模糊）目標：把回應處理時間縮短一半。

　　當時，審查小組為業務單位管理重要的中央資料庫。每天，業務單位都會向小組送來許多細瑣的變更要求。小組確定這些要求

沒有問題之後，就會進行變更，其實也就是擔任資料交換中心的角色。

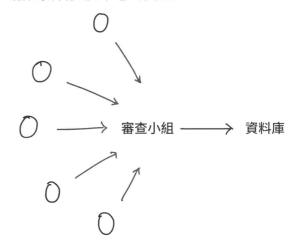

　　在公司成立早期，整個審查過程運作十分順利。但隨著公司業務成長、變更的要求也日益繁重，小組工作開始超過負荷，所有變更都得等上兩週。

　　為了解決這個問題，前任組長把組員都找來，給他們設定一項關鍵目標：

　　我們目前的處理時間太耗時。小組的動作

必須加快一倍，把處理時間縮短成一週。

這是一個很典型、定義明確的「延伸性目標」（stretch goal）：想要的結果非常明確，所有人也都知道這非常重要。這項目標讓大家動了起來，小組開始努力向前。

幾個月後，前任組長離職，由馬泰歐接手。前組長把工作交接給馬泰歐時，提到這項專案：「小組就快要達成縮短成一週的目標了，你不用擔心，他們自己就會搞定。」

馬泰歐大可不用管這件事，就讓事情繼續下去，等著收割成果就好。但他決定插手，最後也讓成果更為豐碩：

當時所有人都在努力想提升處理要求的速度。但那真的是對的目標嗎？我想到這件事，就發現真正的目標不該是提升小組的速度，而是該提升業務單位變更資料庫的速度。原先的目標背後有一個重大的假設：所有變更都必須經過審查小組、進行手動批准。但只要不把注意力全放在我們小組上，顯然就還有另一種改進的方式：有些簡單的變更根本無須透過審查小組，可以直接由業務單位進行。

直接存取

馬泰歐找出新的重點之後，小組開始研究過去的變更要求可以分為哪些類型。事實證明，大約有80％的變更要求既簡單、也相當安全。小組於是想到，可以針對這類的變更要求設計一個直接存取的介面，讓非審查小組的人也能夠直接即時做出變更，無須透過審查小組。

但必須強調，這項直接存取解決方案做起來並不容易。馬泰歐等人必須訓練業務單位使用這套介面，而且現有的日常工作量仍然需要維持。馬泰歐為手下爭取時間的方式是告訴其他業務單位：「在接下來幾個

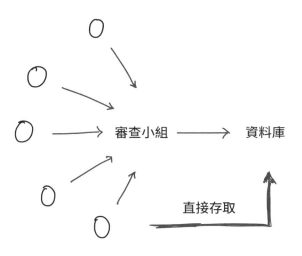

審查小組 ⟶ 資料庫

直接存取

月，我們的速度會比平常**慢一些**。但等到完工之後，我們提供的解決方案會比現在好得多。」

馬泰歐實現了自己的承諾。幾個月後，因為可以透過直接存取介面處理80％的變更要求，小組的回應處理時間已經不再需要延遲兩週，而是完全可以即時處理、無須等待。此外，因為審查小組現在有了更多時間，就算是十分複雜、無法直接存取處理的變更，也能處理得更為迅速。正因為馬泰歐決定重新思考目標，才能讓小組最後的成果遠超過原本「加速一週」的目標。

———————————

馬泰歐的故事讓我們看到「重新思考目標」的力量。先思考質疑自己想達到的目標，有時就能找出方法讓成果大大提升。以下有五種策略可供選用。

1.看清楚更高層次的目標

人生並不像是「只要有培根，就能擁有永恆的幸福」這麼簡單，各種目標其實並非單獨存在。研究問題解決的學者巴薩多（Min Basadur）等人就認為，在思考目標時，最好把目標視為某個階層結構或因果關

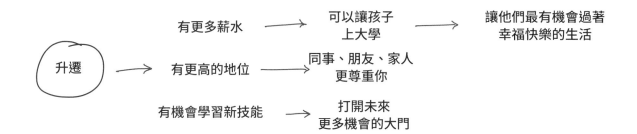

係的一部分，有許多從低到高層次的「好東西」有待追尋。

讓我們以希望升遷的人為例。理論上，很少人是為了升遷而想升遷；升遷通常只是一種手段，希望達到這個人所期望的其他目標，或說是「更高層次」的目標，例如賺到更多錢、或是更加受人尊敬。下面我會舉出一些例子，說明一個想得到升遷的人，背後可能是為了什麼更高層次的目標。

這個圖有兩個重點。第一，我們希望達成某個目標時，很少只是為了單一目的，通常是基於好幾件不同的事，而且對我們都很重要。

第二，某些更高層次的目標可能仍然只是一個手段。例如在圖中的例子裡，「賺到更多錢」不僅僅是個目標，更會造成「只有一個孩子能上大學」和「兩個孩子都能上大學」的差異。在「作業研究」當中，有時候會把這種目標稱為邊緣目標（distal goal），而與近似目標（proximate goal）有所不同。在廣告業裡也有一種常見的說法：要懂得「客戶想得到的利益背後有什麼利益」。兩者重點都一樣。或許設計師的用詞是功能和效果，談判者的用詞是立場和利益，政策專家的用詞是產出和結果，但本質上都是一樣的事。

不管談的是自己或別人的問題，在討論問題時，都請記得要找出更高層次的目標。方法是詢問以下問題：

- 你的目標是什麼？
- 為什麼這個目標對你很重要？達到這個目標之後，能幫你再達成什麼成果？
- 除了那一點之外，達到這個目標還能為你幫上什麼忙？

有時候，光是找出更高層次的目標，就已經能為你找出創新的解決方案。讓我們從談判研究領域來找例子，下面這個案例取自費雪（Roger Fisher）、尤瑞（William Ury）、派頓（Bruce Patton）三人的經典著作《哈佛這樣教談判力》（Getting to Yes）。

大衛營協議

這個著名案例發生在1978年，靠著找出更高層次的目標，促成埃及與以色列之間

的和平協議；當時的美國總統卡特（Jimmy Carter）邀請埃及和以色列雙方來到大衛營。根據《哈佛這樣教談判力》書中所述，當時的衝突在於西奈半島的領土爭端。原屬於埃及的西奈半島，自從1967年的六日戰爭（Six Day War）之後就落入以色列的手中。埃及想把這片領土全數收回，而以色列則希望至少能留下一部分。雙方所提出的目標（在談判領域稱為「立場」）根本是水火不容，所以任何想劃定邊界的努力自然都是白費。

然而，等到澄清雙方各自盤算的「利益」之後，這場僵局也就迎刃而解：埃及想要的是「擁有」這片土地；相較之下，以色列想要的則是「安全」。因為埃及的坦克總是停在邊界附近，而以色列覺得如果能有西奈半島作為緩衝，就能抵抗入侵行動。而根據兩者目標的差異，自然找到解決方案：劃出一塊非武裝區，屬於埃及，但請埃及部隊

不要在此駐軍。

這個案例告訴我們，如果牽涉不只一方，明確指出較高層次的目標將會很有幫助。然而就算只是個人的問題，「提出較高層次的目標」也能有所助益，原因就在於**人們常常並不完全了解自己想要什麼**。心理治療師笛夏德就說：「客戶常常會提出一些模糊或甚至自我矛盾的目標，又或是根本說不出來的目標。事實上，最困難、最令人不知如何是好的情況，就是有些人根本不知道怎樣才能算是解決問題。」

找出更高層次目標的時候，通常只要找出兩三個最重要的目的就已經足夠。我們很少會因為無法達成自己第七重要的目標，就去推翻某個很好的解決方案。

講到要在階層結構裡「往上」尋找更高層次的目標，也是一樣的道理。通常，「重組問題框架」要有用，並不需要把目標拉到太高、太抽象的層次。（雖然這樣的層次還

是可以用來作為一般決策的參考，例如個人價值觀、公司宗旨等等。）

2. 挑戰目前的邏輯

有了 A 之後…… ── ？ ─→ 一定會得到 B 嗎？

目標圖（像是前面關於升遷的例子）除了列出各種好東西，更是**你如何看待這個世界**的模型，能呈現出你相信有哪些關鍵因果機制會影響這個世界。之所以有必要特別呈現出這些因果關係，就是因為有時候它們根本是錯的。

舉例來說：在我們這些聰明的大人眼裡，青少年做的各種判斷幾乎總是令人搖頭。看看這個稍微經過簡化的成功生涯模型：

輟學
不讀了！ ─→ 變成有名的
藝術家 ─→ 人生
勝利組

大多數的成年人大都會很樂意指出，這個模型的邏輯也跳得太大，或許還會順道說一下梵谷的故事：

變成藝術家 → 瘋了，割了自己的一隻耳朵 → 死了才成名

然而，可不只有年輕人會搞錯世界究竟怎麼運作。就算是經驗豐富的專業人士，也可能落入錯誤的邏輯陷阱，即使是自身專業領域也不例外。以下是沃德林分享的例子。

重新考慮財務運籌要求：付款期限愈久愈好？

如果你曾經把產品或服務賣給某家大型企業，或許就會熟悉像是Net-30、Net-60和Net-90這些用語，指的是付款條件，明定客戶應該在幾天後付款給你。

從大企業的立場看來，Net-90就像是得到三個月的無息貸款，這樣想並不意外，大型企業常常會趁勢要求把付款期限拉長，盡量延遲付款給供應商的時間。基本上，多數大企業的財務團隊腦海中，都會有這樣的目標模型：

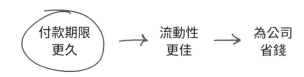

付款期限更久 → 流動性更佳 → 為公司省錢

這個模型的邏輯似乎無懈可擊，但這樣真的更好嗎？沃德林解釋道：

如果你要三個月後才肯付帳，基本上就是逼得只有大型供應商會和你合作，因為只有他們有足夠的現金，能撐得住那麼晚才拿到錢。自由業者開出的價碼通常便宜多，但這種付款期限會讓他們活不下去。所以如果你一律要求Net-90，其實就是把所有選項都給鎖死，你的公司只找得到最昂貴的供應商。

根據這一套道理，幾家大企業聽從沃德林的建議，引進分級付款系統，魚與熊掌兼得。如果要檢查自己是否出現類似的邏輯跳躍，可以看看自己的目標模型，自問：

- 我們的關鍵假設是真的嗎？目前寫出的目標，是否一定能帶來我們想要的最終結果？
- 就算假設大致上正確，有沒有特殊情況會形成例外？關於怎樣算是「成功」，我們的想法是否需要調整或修正？

在這個時候，如果有外部人士在場參與討論會很有幫助。作為一名意義分析專家，ReD 聯合顧問公司（ReD Associates）的艾貝森（Anna Ebbesen）指出：

在「事實」與「假設」之間，可能會有微妙的不同。有時當我們心中的假設根深柢固，已經讓我們誤以為這就是世界的事實。也可能這些假設本來也是事實，但因為後來世界有了變化，於是不再與事實相符。對於心中最基本的假設，自己其實很難看到，通常需要有人從外部提醒，才會使假設忽然變得清晰可見。

3. 思考有沒有其他方式能達成那些重要目標

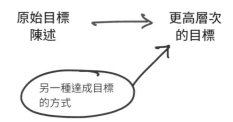

找出更高層次的目標之後，就能問一個重要的問題：我現在想做的事，真的是實現目標的最佳辦法嗎？還有沒有其他方式，能夠達成我們真正想要的結果？

讓我們以前面提過關於升遷的計劃圖為例。當時提到升遷的一項重要目的是「有更多薪水」，於是可以做到一些你真正在乎的事，像是「有錢讓孩子上大學」。

升遷 ⟶ 有更多薪水 ⟶ 可以讓孩子上大學

然而當我們簡單檢視時，可能會發現這裡對「薪水」的定義實在太狹隘了，因而限制我們的想像，彷彿只能從薪水這個管道賺到這筆錢。事實上，只要是錢，都能達成我們要的目的。（別忘了第3章也談過自我設限的問題。）在這裡，比較實用的目標寫法可能是「在未來五年內，能夠存下多少錢」。這樣一來，也能讓你試著在升遷之外找出其他實現目標的方法。

下面圖示是幾項值得考慮的替代方案。

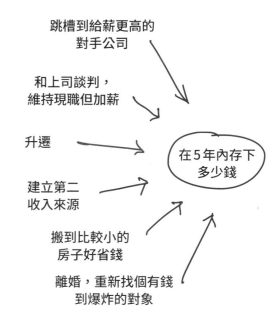

創意及問題解決研究的大師史坦柏格（Robert J. Sternberg）就曾提到一個例子，說明如何在現實生活運用這項策略。

如何擺脫可怕的上司

史坦柏格在他的《智慧、聰明、創意的結合》（*Wisdom, Intelligence, and Creativity*

Synthesized）提到一位公司主管，他熱愛自己的工作，但很討厭他的上司。他實在受不了了，於是找上獵人頭公司，想找一份同產業的工作。因為這位主管過去的紀錄十分優秀，獵人頭公司告訴他，要找到類似的工作應該再簡單不過。

那晚，這位主管和太太聊天，而她剛好是個「重組問題框架」的專家，於是想出更妙的一招。史坦柏格提到：「他又回去獵人頭公司，但交出去的是自己上司的名字。獵人頭公司為他的上司找了一份新工作，而上司也欣然接受，完全不知道背後發生了什麼事。最後，這位主管接手上司的位子。」

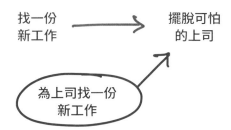

4. 再明顯的目標，也要提出質疑

有些目標看起來當然是件好事，會讓人覺得再去質疑似乎很愚蠢。誰不想讓東西變得更快、更便宜、更安全、更美觀、效率更高？但實際上，正因為這些目標的好處似乎太明顯，就可能讓我們誤入歧途。某項目標單獨來看是件好事，並不代表放在大局當中還是正確的做法。

以英特爾（Intel）為例。大多數人對英特爾的印象，都是自己電腦裡的處理器。但比較少人知道這家公司為霍金（Stephen Hawking，坐在輪椅上的理論物理學界指標人物）做了什麼。英特爾的共同創辦人摩爾（Gordon Moore）在1997年的一次研討會認識霍金，從此每兩年幫霍金把輪椅的軟體升級一次，而且完全免費。

這項工作最重要的一部分，就是要升級輪椅上完全量身打造的文字轉語音電腦，霍

金就是靠著它才能與全世界溝通。在1997年，這套系統還只能讓霍金每分鐘輸入一兩個單字，對話慢到像是折磨。但後來，英特爾團隊運用現在智慧型手機裡那種預測文字的演算法，讓輸入速度大幅提升。

幾年後，軟體又要升級了，英特爾團隊的設計師丹瑪（Chris Dame）說：「我們十分得意，讓霍金看了新版軟體，能讓他的溝通速度比過去更快。但他居然說『你們能把它調慢一點嗎？』讓我們嚇了一跳。」

原來，是因為霍金同時要做很多事。在他寫出句子時，房間裡其他人還是會自然和他與其他人聊天。霍金喜歡聽到那些對談，偶爾也會在打字的過程與其他人眼神交流。但這套更新、「升級」後的系統卻讓他沒辦法再這麼做。因為電腦反應太快，讓霍金覺得自己在寫完句子之前，彷彿是被「鎖」在電腦上。雖然一開始的目標是提升速度，但只要超過某個程度，再加速反而成為壞事。

世界上到處都有這種違反直覺的例子。深夜的第四台廣告看起來充滿幾十年前的時代感，但這種業餘風格是故意的。這種風格的廣告業績其實比那些精緻、高質感砸大錢的廣告更好。下了飛機之後，為什麼要走那麼遠，才能到達提領行李的地方？因為這樣一來，航空公司才有更多的時間下行李，也才能減少你站在輸送帶旁邊抱怨的時間（比起走路，民眾更討厭等待的感覺）。

真實性與其他壞事

某些詞彙聽起來似乎顯然是件好事，我們也就更難質疑那些目標。像是「真實性」（authenticity）這件事。腦子正常的人，不都會覺得愈真愈好嗎？（「凱特，簡報太棒了。但下次可不可以聽起來假一點？」）光從字面，似乎就讓人覺得我們當然應該追求真實性。

然而「真實性」仍然可能不是個好目

標。例如大部分人剛升上主管的時候，其實並不是天生就懂得怎樣擔任領導者。正如歐洲工商管理學院（INSEAD）教授艾伊貝拉（Herminia Ibarra）所言，允許自己去試著表現一些新的行為，一開始可能會覺得不「真實」，但這是個人發展的重要部分。如果只是盲目追求真實性，就可能讓人被困在過去、毫無發展的自我當中。

此外還有許多其他例子。像是「獨創性」聽起來也很不錯。但如果想要規避風險，「獨創」也就代表未經嘗試、檢驗，很可能迎來慘痛的失敗。不然為什麼電影產業那麼愛搞續集和翻拍？（如果想給自己的新片尋找投資人，最好的辦法就是「與過去的強片十分類似，但模仿尺度剛好不會被告」。）

在工作之外，假設你的目標是追求「個人幸福」。讓自己每天的快樂達到最大，這樣一定是件好事嗎？正向心理學運動的創始人塞利格曼（Martin Seligman）就認為，真正的幸福並不只是擁有更多正面情緒。生活想要真正充實，還必須包括追求一些難以實現的目標、對他人有正面積極的影響，而這代表生活可能得比每天吃飽睡、睡飽吃再辛苦一點才行。

5. 子目標也同樣需要檢視

到目前為止，我們都還只把重點放在高層次的目標上。然而，那些子目標（也就是過程中逐步達成的小目標）也同樣值得檢視。

像是前面講到升遷的例子，其中的子目標可能是像這樣：

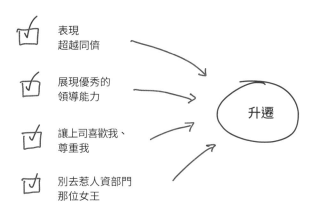

表現
超越同儕

展現優秀的
領導能力

讓上司喜歡我、
尊重我

別去惹人資部門
那位女王

升遷

正如同那些更高層次的目標，這些子目標也同樣是你心智模型的一部分，反映著你在心中認為世界如何運作。因此，這些子目標同樣可能有錯、不完整、需要重新思考。像是一則看來應該毫無爭議的職場抱負：

找到一份讓我開心的工作。

在讀下去之前，請花點時間想想自己對於這項目標的心智模型。你認為是什麼主要因素，能讓某項工作令人覺得有意義？下次想換工作時，你的考量會是什麼？

托德（Benjamin Todd）和麥卡斯基爾（Will MacAskill）創辦的英國非營利計劃「8萬小時」（80,000 Hours）指出，多數人覺得工作時快樂來自兩件事：薪水高、壓力低。

然而，如果深入研究大家到底為什麼熱愛自己的工作，卻會發現還有別的原因。一項研究回顧了六十多份關於工作滿意度的文獻，托德與麥卡斯基爾根據其結果，列出六項能得到職業幸福感的因素。

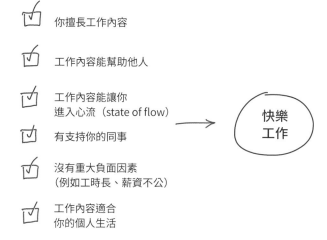

你擅長工作內容

工作內容能幫助他人

工作內容能讓你
進入心流（state of flow）

有支持你的同事

沒有重大負面因素
（例如工時長、薪資不公）

工作內容適合
你的個人生活

快樂
工作

不論是較高或較低層次的目標，都請先找出背後的假設、並提出質疑，好確保自己在解決的是對的問題。*

---

　　*　你可能已經發現，到底什麼是目標、子目標、較高層次的目標，其實並沒有絕對的標準。不用太拘泥在這些用詞，這只不過是要反映出你開始思考時的起點在哪個層級而已。重點是在找出最初的目標之後，記得既要「向上」也要「向下」做進一步探究。

重新思考目標

檢視你的問題陳述。

- 第一步就是寫下目標：達到成功時會是什麼樣子？我想達到的目標是什麼？

- 接著畫出目標圖（像是前面關於升遷的例子），找出更高層次的目標。

- 如果你願意，也可以同時找出子目標，畫在目標圖上。如果想達成目標，有什麼必要步驟？有什麼可以提供協助？

如果畫出目標圖的過程還需要更多指引，可以針對圖中的每個目標再追問這些問題（出自巴薩多的研究）：

- 想找出更高層次的目標，可以詢問：「我們為什麼想要實現這個目標？」「有什麼好處？」「這個目標背後的目標是什麼？」

- 想找出子目標，可以詢問：「什麼因素阻礙了我們實現這項目標？」

- 想找出其他目標，可以詢問：「還有什麼重要目標被漏掉？」

畫出目標圖之後，請迅速檢查有沒有哪個目標定義得太過狹隘。（回想一下「我需要更多薪水」與「我需要在五年內存下多少美元」的例子。）自問「有沒有自我設限的情況？」除非確實有必要，否則請小心這些目標不該預設特定的解決方案。

接下來，則是將本章介紹的其他策略一一派上用場。

挑戰目前的邏輯

請回想前面講到 Net-90 條款的優缺點，財務運籌的考量不一定是正確的。詢問：

- 我們的假設是真的嗎？目前寫出的目標，是不是一定能帶來我們想要的最終結果？
- 就算假設大致上正確，有沒有什麼特殊情況會形成例外？關於怎樣算是成功與獲勝，我們的想法是否需要調整或修正？

有沒有其他途徑，能夠抵達那些重要目標？

請回想史坦柏格那則關於主管的例子，那位主管透過獵人頭公司，給自己的上司（而非自己）找了一份新工作。另外也請回想韋斯的例子（在第 1 章）：努力讓更多收容所狗狗得到領養之餘，是否有可能從源頭下手，讓牠們一開始就不要進入收容系統？

根據這種邏輯，可以問：

- 有沒有更好的目標？
- 有沒有其他方法，可以實現較高層次的
  目標？

再明顯的目標，也要提出質疑

　　裡面是不是有某些目標實在好到無須多問？但請無論如何都提出質疑，而且要特別注意那些本身就帶著正面意義的用詞，像是**真實性、獨創性、安全**等等。

子目標也同樣需要檢視

　　如果目標圖上還沒畫上子目標，此時請畫出子目標，並進行同樣的檢視。裡面有什麼可能出錯的地方？有沒有忘記什麼？

第 6 章

檢視亮點

「正向例外」的力量

　　塔妮亞（Tania Luna）和布萊恩（Brian Luna）婚姻幸福美滿，但一直有個問題：他們時不時就會因為一些小事大吵一架，像是清潔打掃、消費支出、養狗方式等等。雖然夫妻吵架難免，但兩人都覺得頻繁衝突為他們帶來太多無謂的痛苦。

　　幾次過後，他們開始分析問題。為何吵成這樣？塔妮亞告訴我：「一開始我們總把重點放在檢討之前誰說過些什麼，然後花很多時間挖掘價值觀、童年經驗等深層原因對我們的影響。」

　　請注意這種模式。每次談到人的問題，

我們總會試圖找出那些深層的、來自過去的原因。或許是受佛洛伊德的啟發：一定是某些童年經驗在影響我們。

　　這種「童年因素」框架或許是正確的，但我們很難改變些什麼。「價值觀」框架也是如此：「親愛的，我們就是價值觀不同。我追求進步價值，而你追求當個白痴。很高興我們看清了這一點。」在塔妮亞和布萊恩的案例裡，這兩種問題框架顯然無濟於事。

　　真正幫上忙的，是他們在分析時發現的一個「正向例外」（positive exception）。塔妮亞解釋道：

有天我們在吃早餐時討論家庭預算，那次討論再順利不過，一點也不痛苦。同樣的話題如果是在晚上討論，我們總覺得事情太複雜、不可能解決，心情差到不行。或許是經過一夜好眠和一頓早餐之後，討論變得很輕鬆？這讓我們暫停下來，重新思考到底怎麼了。我們很快就發現，從前兩人吵架時多半有個共同點：發生在晚上十點以後。我們之所以會吵架，不是因為價值觀不同，而是因為我們又睏又餓，就容易胡思亂想。

重組問題框架之後，塔妮亞與布萊恩擬定出他們所謂的「十點鐘規則」。

簡單來說，就是晚上十點以後不得提出任何嚴肅或有爭議的話題。如果某個人已經要吵起來，另一個人就會說：「十點！」於是所有的爭吵都先擺著以後再說。這套規則一直是最棒的問題解決工具，帶著我們走過近十年來美好幸福的婚姻狀態。:-)

這個例子再次強調本書的一項重點：想解決某個問題通常不只有一種方法。如果塔妮亞和布萊恩去做婚姻諮商，也可能讓他們解決爭吵問題或至少找到應對之道，但事實上他們靠自己就能找到更好的解決方式，去思考問題之外的另一個問題：「我們什麼時候不會發生這種問題？這裡有沒有亮點？」

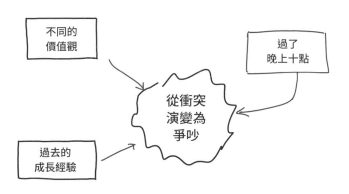

策略：檢視亮點

亮點策略（bright spots strategy）是由希思兄弟（Chip Heath & Dan Heath）所提出。這是一個非常實用的策略，重點在於去尋找在什麼樣的情境或場所中，問題的嚴重程度會變得較低、甚至幾乎完全不存在。找出這些「正向例外」，就能讓你對問題產生新觀點，甚至可能直接找到問題解方。

亮點策略可以追溯到兩個起源。第一是醫學領域。很早以前醫師就知道要詢問病人：「有沒有什麼時候會覺得沒那麼不舒服？」

另一個則是工程領域，是暨醫學之後第一個為增進問題診斷而建立正式架構的領域。在1965年凱普納（Charles Kepner）和崔果（Benjamin Tregoe）一本關於根本原因分析（root cause analysis）的重要著作中，告訴我們在解決問題時要會問：「這個問題在什麼情況下不會發生？」此後，亮點策略已經被各專業領域所普遍採用。

有了亮點之後，重組問題框架通常會變得十分簡單。真正困難之處往往在於「找出」亮點，因為它們有時藏在一些完全出人意料之外的地方。以下四個問題，可以幫助你找出亮點*：

1.是否曾解決過這類問題？

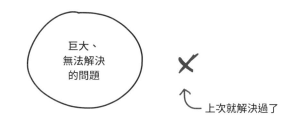

---

* 本書提出的各種策略，都參考自許多前人研究。在本章，我特別參考希思兄弟的《學會改變》（*Switch*）與《零偏見決斷法》（*Decisive*）這兩本絕佳著作。讀者若熟悉這兩本著作，也會發現我對他們的一些建議有所回應。

如果你在1970年代接受心理治療，多半得和治療師糾纏個好幾年，一次又一次討論你的過去：「那你的外婆呢？她有什麼內在的深層問題？」當時的心理治療師就像是洞穴潛水員，準備一次又一次潛入你心靈的最深處。

1980年代初期，密爾瓦基（Milwaukee）有一小群心理治療師找出另一種方法，後來稱為「焦點解決短期治療」（solution-focused brief therapy）。這群心理治療師在笛夏德與他的妻子柏格（Insoo Kim Berg）帶領下有了驚人發現：就像塔妮亞和布萊恩邊吃早餐就能輕鬆討論，很多病人其實過去**就曾至少一次成功解決自己的問題**，只不過這些病人沒能像塔妮亞與布萊恩從中發現亮點、學到寶貴經驗。

在這些案例中，治療師不再需要進行洞穴潛水，只要引導病人找出亮點，然後鼓勵他們應用同樣的行為。透過這種方式，密爾瓦基的這群治療師平均只需要八次療程，就能讓病人的病情改善。

如何找到亮點

想把密爾瓦基治療師的心得用在自己的問題上，不妨按照以下步驟：

- 回顧過去的情況。問題是否沒發生過（就算只有一次）、或是比平常輕微？
- 如果確實曾有這種情形，請仔細檢視亮點，看看能否為問題找出新線索？
- 如果分析後還沒得到線索，是否能複製當時的行為，或是重新創造產生亮點的環境？
- 如果無法為現在的問題找到亮點，可以思考是否曾經解決過**類似**的問題？從那裡能否找到一些線索？

三條黃金法則

尋找過去亮點時，請牢記三條準則：

從平凡中找答案，而不要從特例中找答案。如果你覺得是工作給你很大的壓力，就算想起上次放了四個月的長假確實有效果，實際上也算不上什麼亮點。比較有用的亮點應該要更接近問題發生時的情況。想想最近有沒有哪一天突然覺得工作壓力沒那麼大？那天有什麼不同？

如果是非常正向的例外，千萬別放過。除了要檢視在哪些情況下沒有出現問題，也別忘了檢視在哪些情況下事情進展格外順利。有沒有哪一天，你甚至覺得能從工作中**得到**能量？舉例來說，想要處理壓力的時候，除了可以避開壓力源，也能為每天加入更多令人開心的元素，好讓自己有更多心理能量來面對壓力。

在什麼時候，雖然發生問題、你卻能夠輕鬆面對？如果發生問題，但沒有造成不良影響，也可以算是一個亮點。例如一樣是要面對壓力，你可能會問：有沒有哪天雖然壓力很大，但你卻成功讓自己沒受到太大影響？那天你做了什麼不同的事？

像是在飯店業，大家都知道不可能每次都為客人提供完美的服務，難免會出點什麼錯：餐點晚到、乾洗衣物送錯、房卡在最糟糕的時機故障。然而，這些疏失未必一定會在房客心中留下惡劣印象。飯店主管希格拉斯（Raquel Rubio Higueras）就告訴我：

一般來說，真正會讓客人感到不悅的，並非疏失本身，而是飯店員工處理疏失的態度。如果員工能迅速反應、全力解決問題，最終獲得的評價甚至會比完全沒有發生疏失更高。

律師事務所的長期思考

安德斯是一名律師。每隔一段時間會和

事務所的其他合夥人一起腦力激盪，討論事務所該有什麼新計劃：「從長遠來看要怎麼發展業務？」會中提出的許多想法看來都很不錯，大家也都同意值得一試。

但這樣的好心情總沒能維持多久。安德斯很失望，會開完之後，所有人（包括他自己）都故態復萌，只看眼前、不看長遠。和許多公司一樣，下一季慘痛的業績就這樣一次又一次打擊著合夥人對未來的渴望。

說到要找出亮點時，安德斯想起曾有一項長期計劃確實很成功。那一次有何不同？那次會議的不同之處，在於除了合夥人出席之外，與會的還有一位大家很看好的受雇律師；最後也是由她接手當時的計劃。

從這個亮點作為起點，他們立刻訂出行動方針：在未來的腦力激盪會議上，應該找優秀的受雇律師一同與會。受雇律師會覺得受邀參與策略討論是種榮幸，而且他們與合夥人的不同之處，在於有明顯動機要推動長

期專案，希望能給合夥人留下深刻印象，好在同儕的競爭中勝出。

2. 誰是群體中的正向異數？

如果回首過去毫無亮點，又該怎麼辦？這時，就該看看身旁的群體中是否有這類角色：

- 我們的員工工作態度普遍不佳，**但有兩位主管似乎帶人帶得很不錯。**
- 公司整體銷售情況持續下滑，**但有個很小的市場是例外，那裡的業績成長5%。**
- 我爸媽真的很難相處！**但我另外八個兄弟姐妹似乎跟他們處得很好。**

不論問題再怎麼棘手，只要人夠多，通常總有幾位異數能夠找出應對之道。從國際援助界的前例就可看出，成功重組問題框架的關鍵，有時候就在這些異數身上。史坦寧（Jerry Sternin）是這種所謂的「正向偏差法」（positive deviance）的創始者之一，以下就是他舉的一個例子。

說服不識字的父母讓孩子繼續上學

有一次，史坦寧等人和阿根廷米西奧內斯省（Misiones）的一群學校老師與校長合作。他們想解決當地輟學的問題：該省只有56％的兒童能從小學畢業（全國平均則為86％）。

問題有很大部分出在父母身上，許多父母又窮又不識字，因為自己沒上過學，也就不太在意孩子是否上學。若要由老師不斷說服父母教育對孩子未來的重要性，顯然無濟於事；何況學校資源非常有限，根本沒有足夠人力去處理這些問題。

史坦寧等人知道或許可以從另一個角度切入：讓老師找出亮點，或許就能找到辦法。正如他們在《正向偏差的力量》（The Power of Positive Deviance）所言：

> 最初建立的問題框架，通常不過是個暫時的觀點。如果說經驗教了我們什麼，就是問題框架通常會隨時間慢慢改變。當某個群體想看清楚自己的問題，最好的方式就是用自己的話來建立問題框架，並依自己面對的現實來解決問題。

為此，史坦寧等人向這群師長提供一些耐人尋味的資料：雖然該省的學校多半遇上同樣的問題，但有三所學校例外。其中有兩所學校的學生留校率高達90％，高於全國水準。至於第三所學校，留校率更達100％。這三所學校的資源並不比別人多，它們究竟

是怎麼做到的？

答案在於老師做了什麼。在米西奧內斯省，大多數老師總看不起那些不識字的父母。但亮點學校的老師會試著讓這些父母一同參與，例如在開學前就和他們簽下年度的「學習合約」。讓父母參與之後，他們發現一項重要見解：有時候孩子在學校學到的東西會直接帶給**父母好處**。史坦寧等人指出：「孩子學會閱讀、加減，就能幫父母申請運用政府補貼、計算農作賺了多少錢，或是計算到底欠村裡小店多少利息。」

這樣一來，老師就能讓父母成為合作夥伴。因此，讓孩子上學的意義就不只是「為孩子的未來帶來優勢」（貧窮時實在很難想到未來），還能為父母提供明顯、直接的價值：「如果你讓女兒上完這個學年的課，她就能幫你算帳了。」

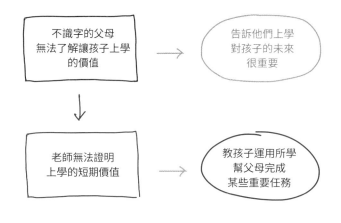

得到這些想法之後，該省有兩個學區決定複製亮點學校的方法，一年後留校率果然提高50％。如果你想找到類似的亮點，不妨自問：認識的人之中有誰解決過這類問題、有誰曾經找到過更好的解決方法？

3. 還有誰會處理這類問題？

只有你遇到的獨特問題

許多人同樣會遇到的問題

當聽眾來自許多不同行業時，我常會做一個小活動：請每個人挑出一個自己目前面臨的問題，再與不同行業的聽眾組成小組，彼此分享問題，並一起思考如何重組問題框架。

一開始，多數人覺得莫名其妙，心想：「這些人怎麼可能幫得上忙？我的問題十分獨特，可能要我這個行業的人才可能遇到，甚至或許史上根本沒有人遇過這樣的問題。看來我人生寶貴的5分鐘就要這樣白白浪費了。」

進行完簡短的討論，當我請大家分享心得時，總會有某組說：「我們發現，大家的問題根本都一樣！」

當然，問題不會完全一樣，就細節而言總會有些差異。但如果你能從大處著眼，就會發現許多問題有著相同的「概念骨架」（conceptual skeleton，由作家暨認知科學家侯道仁 [Douglas Hofstadter] 所提出），也就是說這些問題屬於同一**類型**。這就是為什麼大家會覺得：「我也有同樣的問題！」

在找亮點時，細節通常沒那麼重要：你找到的問題並不需要與自己的問題完全相同。事實上，「少即是多」，放下一些細節來定義問題，就更容易在其他地方找到亮點。

波士頓顧問集團韓德森智庫主席瑞夫斯（Martin Reeves）就說：

你得從細節開始：這個問題主要可見到的特徵是什麼？但在這之後，就得先遠離細

節，將問題概念化，以更抽象的方式來表達。這樣一來，就能讓你問出：「我們在哪些地方也看過這種問題？」

這正是波士頓顧問集團問題解決流程的一個關鍵步驟，讓該公司能夠為各種產業尋找解決方案與亮點。如果你也想做到這點，就請自問：

- 目前面對的是哪種類型的問題？如何從更廣泛、更全面的角度思考這個問題？
- 誰和我們一樣會面對這類問題？我們能從他們身上學到什麼？

以下就是使用這種方法的成功案例。

輝瑞如何解決跨文化問題

科恩（Jordan Cohen）任職於製藥大廠輝瑞（Pfizer）期間，打造一個名為「pfizerWorks」的內部服務，讓輝瑞員工可以把工作裡比較無聊的部分（如資料審查、製作投影片、市場研究）外包給虛擬分析師團隊。

pfizerWorks靠的是一些位於印度清奈（Chennai）的分析師。這項服務最大的特色在於，分析師是與全球輝瑞員工直接溝通，完全無須透過總部的中介。

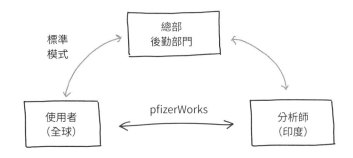

這套新模式讓pfizerWorks的處理速度更快、也更具成本效益，但同時也帶來問題。科恩團隊的艾佩爾（Seth Appel）就告訴我：

例如位在紐約的員工凱特想查詢某份報告

進度而傳送一封電子郵件到清奈，但她想聯絡的人剛好不在辦公室。如果對方是個熟悉西方溝通禮儀的人，應該會寄來一封禮貌的回信：「親愛的凱特，謝謝來信。很抱歉，您的專案負責人山圖許目前不在，但我會請他在美國時間明天早上8點進辦公室時盡快給您回覆。」

然而現實卻完全不是這樣，凱特只會收到一句：「山圖許現在不在。」

這種回應方式引起極大的憤怒與困惑：「這是什麼意思？我的報告沒人管了嗎？我能不能準時拿到？難道我還得回封信確認沒有人會轉告山圖許？」

社會學家暨重組問題框架大師高夫曼（Erving Goffman）早在1960年代就曾指出：文化規範只有在被打破的時候，才會讓人感覺到它的存在。

這個問題要怎麼解決？想在同行中找到

亮點是不太可能的，畢竟當時還沒有其他公司讓分析師直接與使用者打交道。科恩與艾佩爾決定採用比較概念抽象的問題框架：

特定問題框架   抽象問題框架

> 其他外包公司如何訓練他們的分析師？ → 有哪些行業也需要處理第一線跨文化溝通的問題？

如果你願意，可以先在此暫停、仔細思考一下這個問題，試著猜猜他們最後找出什麼樣的解決方案。

———————————————

艾佩爾與科恩在飯店業找到了亮點。大型跨國連鎖飯店如果在印度設點，就必須培訓接待與服務人員，讓這些人員能和來自各種不同文化的旅客進行互動與溝通。

接下來呢？或許他們可以先去弄清楚這

些飯店如何培訓接待與服務人員，然後用相同的方法來訓練分析師。但他們採用的是更簡單的辦法：直接從飯店挖角。艾佩爾說：

> 我們的分析師團隊需要兩項主要技能：一個是完成工作的分析技能，另一個是處理溝通的文化技能。所以，相較於雇用熟練的分析師、再教他們如何溝通，我們發現更簡單的辦法是雇用已經能夠跨文化溝通的人，再教他們各種必要的分析技能。於是我們就這麼做，而且成效斐然。

4. 我們能否把這個問題公告周知？

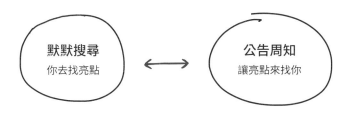

默默搜尋
你去找亮點

←→

公告周知
讓亮點來找你

剛才介紹的方法有個明顯的缺點：你還是得知道大致該往哪裡找亮點。當科恩團隊問：「還有什麼行業也需要處理跨文化溝通的問題？」要聯想到飯店業一點也不困難的。但如果有用的亮點是出現在你根本不知道的行業，那該怎麼辦？

或許你可以採取另一種辦法：把問題公告周知。研究顯示，如果你把問題公告周知，讓許多不同群體的人都看到，就有更高機會能讓某人告訴你某個你不知道的亮點。以下提供一些簡單的方法：

- 下次午餐時去坐在其他部門的人旁邊，談談你的問題。（也別忘了問問他們碰上什麼問題。）
- 在公司內網或類似內部管道談你的問題。
- 和其他產業的朋友聊聊你的問題（假設沒有機密考量）。
- 如果這個問題可以公開，可以考慮透過社群媒體徵詢意見。

如果是更大的問題（特別是研發），也有更進階的公告周知做法。市面上有一些線上問題解決平台，能讓你付費提出自己的問題，由一群來自世界各地的「問題解決者」為你解答。也有一些平台能讓你接觸到專業人際網絡，甚至是為你舉辦競賽來公開徵選最佳解答。但在考慮這些做法之前，可先試試比較簡單的版本。下面的案例就告訴我們，小小做法也能有大大成就。

E-850 的案例

跨國化工集團帝斯曼（DSM）的研究人員發明出一種稱為 E-850 的新型膠水，大家一眼就覺得肯定會大賣特賣，不僅黏合效果超越大多數競爭產品，對生態環境也更友善，讓帝斯曼的客戶十分感興趣。

但接著出現一個問題。E-850 的主要用途是把一片又一片的薄木板黏成合板，再做成桌面。但當研究人員打算把塗了 E-850 的合板加上塗層時，合板的邊緣卻無法平整。E-850 必須先解決這個問題才能上市。但很遺憾，這個問題實在太困難，研發團隊花了兩年都無法解決。

接著，帝斯曼的員工史渥寧克（Steven Zwerink）、普拉斯（Erik Pras）和弗維爾登（Theo Verweerden）決定試著把問題公告周知。為了方便起見，他們做出一個 PPT 檔案放上各種社群媒體。為了鼓勵大家幫忙，懸賞金額高達 1 萬歐元；但相較於帝斯曼產品上市能賺到的金額，根本是個小數字。

兩個月後，該團隊再次放上一個 PPT，但這次是一則開心的聲明：有許多人參加這場挑戰，而將其中五位的想法組合在一起，就讓研究人員找出了解答。* 帝斯曼終於能

---

* 說巧不巧，他們找到的解決方案也包含重組問題框架。解決方案含有太多技術成份，我不打算在此詳述。但如果你是狂熱的合板技術愛好者，可以在後面註解中看找到詳細內容。

夠讓 E-850 上市，並且大獲成功。

　　帝斯曼的案例告訴我們，解決方案有時可能就在你身邊。在五位貢獻解決方案想法的人當中，有三位根本就是帝斯曼的員工，包括一位科學家、客戶經理，以及專利部門的實習專利師。將問題公告周知，可以讓你從意想不到的地方得到靈感。

將問題公告周知的三個技巧

　　問題解決網站 InnoCentive 創辦人史普拉德林（Dwayne Spradlin）提出三點建議：

- **避免使用技術語言**：這樣一來，就算不是你這一行的人，也能聽懂問題。
- **提供大量情境脈絡資訊**：為什麼解決這個問題很重要？目前的主要難處為何？你試過哪些方案？
- **不要把解決方案說得太明確**：與其說：「我們需要更便宜的鑽井方法」，不如說：「我們需要為 120 萬人提供乾淨的飲用水」（實現這個目標不一定要有井）。

　　亮點策略最讓人意想不到的一點，就是要回到過去經驗。如你在這章中看到的情況，許多亮點都出自於我們早就知道的地方，有時甚至在自己過去經驗中就能找到（到現在我還是覺得這太不可思議）。照理說，我們應該很容易發現這些亮點吧？

　　然而事實並非如此。我們往往會落入「負向偏誤」（negativity bias）的陷阱，傾向關注壞事並忽略好事。所以一旦遇到問題，我們天生會將注意力集中在事情出錯的地方，也就無法從當時做得好的地方學習。

　　亮點策略就是要幫助我們修正這種偏誤。扭轉思考模式，讓自己注意到正向的事物（也就是當時哪裡做得好），並從中找出新的前進方向。這一點也不難，只要記得檢視亮點就行。

檢視亮點

重新查看自己的問題陳述。想想看每個問題當中是否有任何亮點。

過去是否曾經解決過這個問題？

大家常常為了**自己早就解決過**的問題而苦惱。塔妮亞和布萊恩這對夫妻就是察覺到在早餐時討論事情無比順利，才發現他們吵架的部分原因在於時機不對。記住這件事，

想想看過去是否曾經（就算只有一次）：

- 完全沒遇到這個問題。
- 問題的情況較不嚴重。
- 雖然問題發生，卻沒有平常的負面影響。

這些亮點有沒有讓你學到什麼重點？如果沒有，你能不能重現當初形成亮點的行為或情況，也就是能不能再多做些有效果的事？

誰是群體中的正向異數？

請回想前面阿根廷米西奧內斯省文盲父母的案例：研究過三所「異數」學校之後，他們就找到讓父母參與的更好辦法。

- 你有認識誰曾經解決過這個問題嗎？
- 你能否找出他們做了什麼不一樣的事？

還有誰會處理這類問題？

想從其他產業找亮點，請回想瑞夫斯的例子，他是如何用較抽象的詞彙來描述問題，並協助pfizerWorks團隊在餐旅業找到亮點。同樣的：

- 該如何用抽象詞彙描述你的問題？
- 除了你所處的產業，還有誰也會面對這類問題？
- 有哪些人雖然處於類似情況，卻似乎沒有碰到這種問題？他們做了什麼不同的事？

我們能否把這個問題公告周知？

請回想前面帝斯曼的案例，公司只不過是把一份PPT檔案放出去、讓大家都知道這個問題，最後卻成功找到解答。如果你找不到過去有誰曾經解決這個問題，能不能如法炮製？

第 **7** 章

照照鏡子

小孩真麻煩

你

「你可以教小孩怎麼重組問題框架嗎？」

這個問題把我帶到了哈德遜實驗室學校（Hudson Lab School），這間與時俱進的學校位於紐約威徹斯特（Westchester），特色在於提供專案教學。學校創辦人韓秀美（Cate Han）和莎爾茲（Stacey Seltzer）很清楚我的研究，並邀請我為這些學生辦一個「重組問題框架」工作坊。於是，我在一個溫暖的8月早晨來到這裡，試著讓一群5到9歲的好動小孩學會「重組問題框架」。

小傢伙的問題

你可能在想，這種年紀的小孩會有什麼問題？以下是我精心挑選出工作坊上得到的問題，我只稍微做了一些字面上的改正，暫且不去管紙張上的錯字、碰倒的果汁、還有每個小點都被畫成愛心：

「我好想要一塊石頭，但那是別人的。」

「我打不贏電擊獸。」（一隻在電玩遊戲裡的怪獸）

「我不能打姊姊，因為她比我矮。」

沒錯，在這些小傢伙的世界裡，就是得面對如此深刻的生存問題。（但說得公平點，自從伯羅奔尼撒戰爭以來，所有人與人之間的衝突大概也都是源自於「想要別人的石頭」這種事。）

我在兩位創辦人及學校老師陪同上工作坊時，愈能發現這些孩子多半（特別是年紀愈小的）難以掌握「重組問題框架」的概念。

例如某個孩子，我就叫他麥克吧。他哥哥有時候會在他們吵架時打他。麥克的問題陳述十分簡潔有力：**我一直打不贏。**

而他選擇的解決方案同樣很直接：**直接打他頭。**

根據我的工作坊內容，麥克意識到如果找出別的辦法會是件好事。經過一番苦思，他想到了一個好辦法：「不要打。」

雖然麥克已經很努力了，但大家還是可以感覺到，這個辦法有一定的系統偏差（systemic drift），會偏向第一種解決方案。我猜麥克和他哥哥的衝突還是會繼續以實力解決，而不是靠講什麼道理。

但也有例外。讓我們再看看麥克的一位同學，就稱她伊莎貝拉吧。這個7歲女孩也在想著要怎麼改變自己的問題框架：**我5歲的妹妹蘇菲亞一直要我陪她上樓看電視。她超煩。**

一開始，伊莎貝拉先是貿然下結論，認為「問題在於妹妹的個性」：蘇菲亞就是很愛煩人，才會一直纏著我這個可憐的姊姊。

伊莎貝拉表現的是所謂的「基本歸因錯誤」，這是心理學的著名現象：我們本能就會覺得，如果有人會做壞事，是因為他們就是壞人。「我的伴侶就是個自私的人。」「我們的客戶就是很蠢。」「把票投給XX的，應該都是想看到世界毀滅的人吧。」

我們很容易落入這種觀點（事實上根本是自然而然），而且如果我們不介入，伊

莎貝拉很可能還是會繼續這麼想。但等到她開始質疑自己的問題，經過一位老師輕輕提醒，她就想到另外兩個框架：

重組問題框架 #1：「怎樣可以讓我覺得蘇菲亞不那麼煩？」

重組問題框架 #2：「怎樣可以讓蘇菲亞不要感覺那麼孤單？」

在第一項重組框架的想法裡，伊莎貝拉是把注意力轉到自己身上，研究可以怎麼處理自己的情緒。在第二項重組框架的想法裡，伊莎貝拉則是跨越「她就是很煩」這種簡單化的觀點，再做出一項相當了不起的事：開始以更和善、更人性化的眼光來看妹妹。

下一章，我們還會進一步討論如何試著從用別人的角度、努力了解別人的觀點，進而解決問題。在那之前，讓我們先介紹一項最容易被忽視的問題解決靈感來源：也就是你自己。

照照鏡子：在問題形成過程中，我扮演著什麼角色？

我們先前所介紹的策略，都是要找出藏在問題框架之後的東西，可能是某個亮點、某個更高層次的目標，或是某個還沒被考慮到的利害關係人。

相較之下，本章要談的因素常是大剌剌出現在眼前的問題框架當中，這個因素就是你自己。無論作為個人或團體，我們在考慮問題時，常常會忽略自己所扮演的角色。

或許這也沒什麼好奇怪的。打從小時候開始，我們就常會在向爸媽敘述時剛剛好跳過自己所幹的「好事」：窗戶跟花瓶不知怎麼的就破了、弟弟妹妹無緣無故就自己開始哭了、那些裝了牛奶的玻璃杯大概是不想再被困在桌上，所以就自己往地板跑。

研究告訴我們，這種模式直到成年依然存在，而且例子比比皆是。以下的案例雖然很有可能是編出來的故事，但實在太精彩，

不得不提一下。

據說，1977年有篇新聞報導追蹤車禍發生後駕駛人們申請保險理賠的內容：

「有個行人攻擊我，然後自己跑到我車下面。」

「我的車本來停得好好的，但突然從後面撞上另一台車。」

「我開到路口時，忽然跑出一排樹籬，擋住我的視線。」

不論這些內容是真是假，都反映出一項事實：我們一向很難看清自己，而且在遇到問題的時候，也很難承認自己的錯。

照鏡子的三種策略

好消息是，運用以下三種策略，我們就能對自己有更準確的認識，更清楚自己在問題中扮演著怎樣的角色：

• 探討自己在其中的貢獻。

• 把問題規模縮小到「我」的層級。

• 全面了解自己。

但我得先警告，這項策略可能會比其他策略令人不舒服。前面不管是「跳出框架」或是「重新思考目標」，都不會造成太大的壓力；試著「檢視亮點」甚至可能是件讓人開心的事。然而，要好好看著鏡中的自己、誠實面對自己在這項問題中的角色，就可能讓人很不舒服。這就像檢查牙齒，總有些人會死命逃避。

而我的建議是：接受這種不舒服。如果願意承認痛苦的事實，有時會迎來一些暢快淋漓的解決方案。事實上，我遇到某些最懂得解決問題的人，往往不僅能夠擁抱或接受自我反省的痛苦，而還會主動追求這種痛苦。因為他們知道，只要這樣做就有進步的希望。

1. 探討自己在其中的貢獻

你有沒有用過交友軟體或網站？如果用過，你可能會注意到，隨著使用時間的增加，使用者寫下的個人資料會慢慢發生變化。

當使用者第一次寫下個人資料時，通常會是那種平凡無奇、貌似歡愉，但完全沒有意義的內容：我喜歡狗、喜歡摩托車、喜歡在沙灘漫步。但過了不久，就會開始多出一些資訊，可以看出他們前幾次配對的情況：

- 傳訊時，請不要只寫「安安你好」。
- 照片請和本人像一點。
- 如果你看起來不像你的照片，你得請我喝酒喝到你看起來像為止。

另外，還有那些「拒絕怪咖」的人。有些男男女女的交友檔案會寫著「怪咖勿擾」，也有時候會寫著「**嚴拒怪咖！！！**」

如果你在某人的個人資料看到這種內容（特別是那種粗體加黑的版本），就可以猜到他們過去的交往經驗應該是遇過不少怪咖。

為什麼會這樣呢？當然我們可以天真的

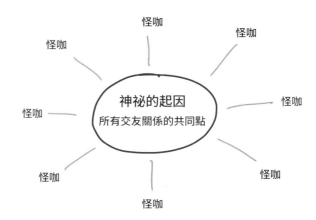

解釋說，可能是他們運氣不好，或是他們住的地區就是很多瘋男瘋女。但與此同時，我們不禁會懷疑還有另一種更誘人的可能：他們自己就是怪咖（至少是原因之一）。

就算他們自己不是怪咖，也很有可能是他們就是愛挑怪咖。這樣一來，他們或許該

檢查一下自己的擇友條件。

我之所以要分享這個例子，是因為生活中往往會出現類似的線索，告訴我們問題可能源自於自己的行為：「大家都不肯跟我說真話！好吧，至少是自從我開除了那個一直抱怨的人之後。」

遇到問題的時候，花點時間自問：是不是在某種程度上，我／我們的行為也助長了這個問題？

- 「總部／法務部門／遵規部門幾乎是我們提什麼就擋什麼！」
  →我們是否應該重新思考提案方式？
- 「業務部的同事做事超草率。不但報告錯誤百出，甚至還遲交。」
  →我們的報告表格會不會需要簡化？有沒有其他的報告方式？
- 「我們的員工不太擅長彼此合作。」
  →身為領導者，我們做了什麼能促進合作的事？

- 「我總是得不斷叫孩子放下手機和iPad。」
  →會不會我在警告他們時，自己就在用手機？

別再指責

你可能已經發現，「照照鏡子」做起來並不簡單。特別如果是一群人，情況就更嚴重，因為問題很可能就是由其中某個人所造成。（或者更慘，某個人本身就是問題。）

想讓這裡的討論順利一點，一個方法就是避免使用「指責」（blame），而多用「貢獻」（contribution）這個詞。這項建議出自管理學經典《再也沒有難談的事》（*Difficult Conversations*），由哈佛談判專案中心（Harvard Negotiation Project）的教授史東（Douglas Stone）、巴頓（Bruce Patton）與西恩（Sheila Heen）合著。西恩告訴我：

如果想找出「該指責誰」可能會更麻煩，

因為這其實是在問：「是誰搞砸了？誰該被懲罰？」一說到「指責」，代表認定有人做了客觀上「錯」的事，像是違反規則或是行為不負責任。

至於「貢獻」則沒有這樣的假設：你有可能身在其中、做出一些當時看來也十分合理的貢獻，只是沒有帶來好結果。用「貢獻」會讓人覺得是在向前看，也能告訴我們下次該如何改進才能做得更好。

更重要的是，這種用詞能點出一項事實：錯誤通常不只是一個人造成的：「沒錯，你轉錯彎，讓我們沒搭上飛機。但真要說的話，要是我訂了更晚的飛機，我們就更有可能出錯。」

體認到某個錯誤背後可能是人人都推了一把，並不代表所有人的責任都一樣大。最後的結果仍然可能主要是某個人的行為所造成。重點在於要把整個問題看成一整個系統，就能找出所有可能的改進方式，而不會只把焦點都放在特定個人的身上。舉世無雙的瑞典統計學家羅斯林（Hans Rosling）就說：「如果我們已經決定要揍誰一拳，就不會繼續在其他地方找解釋。」

讓我們以約翰為例，他是一位在石油及天然氣產業的主管，他在管理工廠時就是採用這種方式：

工廠如果出現問題，我會把相關的人都請到辦公室，一起討論改進之道。這種時候，大家自然會擔心遭到指責，於是形成一定的防衛心態，但這無助於預防未來發生問題。所以我養成一種習慣，在討論開場時一定先說：「請告訴我，公司該改進哪裡？」

這個問題的效果很好，因為員工會知道老闆不只是想找個人來罵而已。看到約翰

抱持著開放的態度，員工也會有所回饋，探討自己在過程中起了哪些貢獻、也探討有哪些外部因素，這樣的對話將會得到豐富的成果，能知道未來如何避免問題再次發生。像這樣不去責備、只去找出各方的貢獻，就能體認到錯誤的來源可能不只一項；約翰與員工也就更能攜手合作，讓工廠持續成長進步。

2.把問題規模縮小到「我」的層級

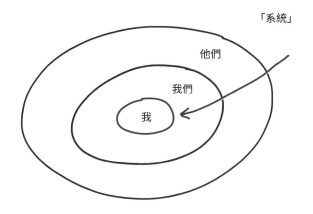

我們心裡總會感到一股誘惑，想把問題的規模拉高到某個自己沒辦法真正做些什麼的程度：

- 除非執行長真心把創新當成優先事項，否則在那之前我們實在有心無力。
- 還要再加速？除非先全面翻新公司的IT系統，否則不可能。
- 我想寫一部會橫掃各個獎項的小說，只不過我得先買得起一台新筆電、幾套專業的寫作軟體，再到義大利某個湖邊小屋渡個半年長假專心寫作。

在思考問題的時候堅持要拉高到這種系統層級，就可能因為宿命論，而變得好像非得完成像是把海洋煮沸之類的任務，讓人感覺無力。專欄作家布魯克斯（David Brooks）就說：「讓問題看起來極度棘手，只會激發疏離感，也就是在自己與問題之間建起一道牆，而不會帶來解決方案。」

如果想解決這個問題，要記得不論問題看來多嚴重，一定有一些能做的事。這裡的關鍵策略是降低問題的層級，去問：「針對這個問題，我能做些什麼？我能不能從比較局部的層級處理這項問題？」

一個夭壽的問題：貪腐

讓我們想想貪腐的問題。只要曾經住在飽受貪腐困擾的國家，就會知道這種社會病態會觸及幾乎所有層面，而社會文化規範（「大家都這麼做，我為什麼不這麼做？」）也讓貪腐變得相當棘手。這裡說貪腐很「夭壽」（wicked），意思並不是說東西「夭壽好吃」的那種，而是真的認為這個問題過於複雜、難以處理。

然而，處於貪腐系統裡的民眾有時也能找出自己能與之對抗的辦法。烏克蘭的醫療保健系統就曾有一個案例，十分激勵人心。新聞記者布洛（Oliver Bullough）指出，烏克蘭醫院的供應鏈曾經是貪腐的溫床。每當醫院需要購買藥品或醫療設備，許多貪婪的中間人吸血不遺餘力，於是價格飆漲、設備也總會短缺。這對任何產業都不是好事，而一旦發生在醫院，就會讓病患遭受不必要的痛苦、甚至丟掉性命。

然而在烏克蘭衛生部的一些小公務員推動改變之後，情況就突然之間雨過天晴。怎麼做到？他們將購買藥品的工作外包給聯合國轄下的外國機構，一舉掃除所有貪腐的中間人。布洛寫道，光是這項方案就拯救數百人的性命，省下 2.22 億美元。

烏克蘭的貪腐問題仍然猖獗，但就因為一群公務員、會計人員和衛生保健專家不願意接受現況，而決定從自己開始做點什麼，而讓問題得到部分解決。以同樣的方式，你能否改變問題框架，讓自己也有能著力的地方？

3. 全面了解自己

了解自己
心中的自己
→
不了解別人
眼中的自己

組織心理學家歐里希（Tasha Eurich）在《深度洞察力》（*Insight*）提到，內在自我認知與外在自我覺察是兩回事。

- **內在自我認知（internal selfawareness）：** 指的是人類接觸到自己的情緒，也就是一般說的「了解自己」，能深深覺察到自己的價值觀、目標、思想與感受。
- **外在自我覺察（external selfawareness）：** 是你覺察到別人怎麼看你。你是否了解自己的行為如何影響到與你來往的人？

歐里希認為，以上兩者不一定有關：某人可以花半年待在山上，靜靜沉思自己的核

心價值觀與信念，但完全不知道身邊的人都認為他是個傲慢、不跟人溝通的人。[*] 但如果想解決與人相關的問題，就得更了解自己和他人相處的情形。

如何詢問別人對自己的想法

我的朋友、作家暨社會心理學家格蘭特（Heidi Grant）對這件事有個小祕訣：請找一位好朋友或好同事，問對方：「如果有人第一次見到我，你覺得他們會有什麼印象？你覺得那跟真正的我又有什麼不同？」

格蘭特表示：「從這些問題可以讓你立刻發現一些自己可能沒發現的面向。而因為你問的是『陌生人的想法』，而不是『他們自己的想法』，你也能讓對方願意分享一些

---

[*] 這時候，有些人會覺得「我上司就是這樣！」但根據本章的精神：如果你有這種感覺，或許也要想一下你的部下是否也有這種感覺。

不那麼正面的想法。」（「好啦，鮑伯，你就是能力普通嘛，但我想他們可能會誤以為你是無能。」）

另外，你可能也已經發現，這項策略與前面已經分享的並不同：這項策略的重點並不在問題上，而在你身上。如果能提高你的外部自我覺察，不但更能面對眼前的問題，對於面對未來所有問題都有好處。（這可以說是採用格蘭特這個問題的另一項好處。）

克服權力盲

如果要說很難從平輩聽到誠實的意見，想讓部下坦言以告就更難了。而且，原因絕不只是因為權力的不對等。哥倫比亞大學心理學家賈林斯基（Adam Galinsky）等人已經證實，擁有權力的人理解他人觀點的能力會下降。如果想讓眼前的問題得到真正準確的觀點，就可能需要引進外部人士。以下就是一間公司的成功案例。

丹瑪如何重組問題框架，處理易用性的問題

還記得前面提過那位負責霍金輪椅的設計師丹瑪嗎？幾年前，丹瑪被帶到一家《財星》五百大企業，協助解決一項問題：客戶最近買了一套軟體平台系統，能讓員工分享在不同專案得到的知識與資源，而問題是，很少人真的會去用那套系統。丹瑪告訴我：

該公司和員工談過之後找上我們，覺得系統有易用性（usability）的問題。員工告訴他們「要把資訊放進去太麻煩了，我就是沒時間做這件事。」根據問題一開始的框架，似乎看來他們該做的是把系統簡化，而一般人找上我們，通常為的也是類似的事。

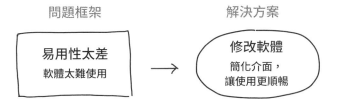

問題框架	解決方案
易用性太差 軟體太難使用 →	**修改軟體** 簡化介面， 讓使用更順暢

然而丹瑪知道，應該對這項診斷意見提出質疑：

> 根據我的經驗，客戶抱著問題來找我時，五次有四次是那些問題本身有些地方需要重新考慮。而這個問題應該也是如此，他們最想解決的問題根本不是對的問題。

為此，丹瑪開了一連串的小型工作坊，可以在沒有主管在場的情況下和基層員工討論這個問題：

> 等到他們可以自由與我這樣的外部人士說話，而且完全不會留下紀錄時，就有一個完全不同的問題浮上檯面。基本上，保留個人資訊能讓工作者有安全感；如果把相關知識、聯絡資訊都公開出來，不但在職涯上沒有好處，也難保日後會有被裁員的風險。

丹瑪發現，這還不只是員工的感覺而已。該公司主要的獎勵與升遷制度，是根據員工參與了哪些專案。於是員工傾向把精力放在擠進成功率高的專案，而沒有動力當個樂於助人的角色。

得到這項見解之後，他建議客戶改變獎勵機制，提出一項新的「專業評等」指標，評估的是你幫助過多少同事、他們對你的幫助又有多滿意。專業評等的結果會直接公布在大家眼前，也就是以一種公開的方式來讚賞高價值貢獻者；更重要的是，管理團隊在決定升遷人選時也開始參考專業評等。一等到這項新解決方案實施，員工立刻開始使用知識共享平台，也發揮出強大的作用。

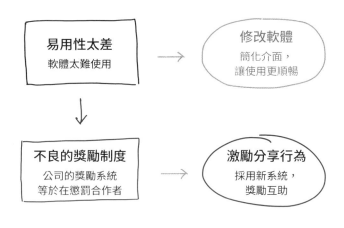

易用性太差
軟體太難使用　→　修改軟體
簡化介面，
讓使用更順暢

↓

不良的獎勵制度
公司的獎勵系統
等於在懲罰合作者　→　激勵分享行為
採用新系統，
獎勵互助

關於企業的自我覺察

　　儘管歐里希和格蘭特談的是個人，但用在企業層面也能有很好的效果。企業就像人一樣，即使已經建立起明確的企業文化與企業價值，卻對於企業在他人（特別是客戶和潛在員工）眼中的形象一無所知。

　　不論這是否公平（我會說通常並不公平），社會大眾對於大型機構（特別是營利企業與政府組織）常常是抱持著負面的態度。我的同事米勒（Paddy Miller）喜歡這麼說：「你上次看到好萊塢把大公司演成好人是什麼時候的事？」

　　然而對於大型企業的員工來說，這件事可能會讓人覺得很無力。像是製藥公司的員工雖然致力於拯救生命，卻發現某些消費者對他們的信任比對菸草公司還低。為了想服務大眾而投身公職的人，也得應付對於政客和公部門種種陳腐的刻板印象。新創公司就算已經成長茁壯、大獲成功，很可能仍然自以為是當初那個要打倒邪惡企業集團、形象狂放不羈的正義一方，殊不知自己在顧客心中的形象已經演變為自己想要打倒的企業。

　　在這些情境下，想讓事情有所好轉，就必然不得不好好照照鏡子；只不過，過程會相當痛苦。

照照鏡子

重新查看自己的問題陳述。針對每個問題進行以下步驟：

探討自己在其中的貢獻

請回想西恩等人所言：把重點放在各種貢獻、而不要去急著指責某人。各種問題可能是因為眾人所導致，其中也可能包括你在內。

- 問問自己：對於這個問題的形成，我起了什麼貢獻？
- 就算你與問題的形成確實無關，還是可以問問自己能否對問題有不同的回應方

式（請回想一下7歲的伊莎貝拉怎麼思考妹妹的問題）。

把問題的規模縮小到「我」的層級

問題可能同時屬於許多不同層級。例如貪腐問題，就可以分成個人、組織和社會等層級。雖然問題的根源不見得在於你的行為或你的層級，但這並不代表在你的層級無法解決這項問題（至少是其中一部分原因）。對於那些似乎大到無法解決的問題，可以自問：有沒有什麼思考問題的框架，可以在「我」這個層級做些什麼？

全面了解自己

請回想前面提到外部自我覺察的概念：你在他人心中的形象如何？如果想了解得更精準：

- 請朋友協助，了解你在陌生人眼中可能的形象。
- 如果你是領導者、或是正在研究公司層級的問題，可以考慮請求立場中立的外部人士協助，以取得企業在外界眼中的形象。

最後，使用這三種照鏡子的策略時，都請做好心理準備，結果可能會令人不快。畢竟有時候總是得忍受一點痛苦，才能找到最好的前進方向。

第**8**章

以他人觀點思考

問題：這些海報的效果如何？

每次進到辦公大樓，我除了會看他們的電梯，還會注意各個企業的內部行銷海報（也就是貼在走廊和會議室、讓員工了解公司內部新計劃的海報）。

三項專案的故事

在下一頁，你可以看到幾張海報的速寫，都出自曾與我合作的《財星》五百大企業。（下方兩張出自同一項專案。）在這三項專案裡，都是由該公司內部團隊推出新的線上專案，希望同事註冊加入。

請一一看過這幾張海報。針對每張海報，先猜測它的效果如何：公司同事最後有註冊嗎？接著請說明原因：出於什麼原因，讓你判斷海報的結果是「沒錯，有效」，或是「沒效，不會有人想加入」。這裡馬上給個提示：裡面有成功的案例，也有失敗的案例。當然，這裡提供的資訊很少，所以就算猜錯也不用覺得丟臉。

關於這三張海報的結果，將隨著本章進展一一解答。

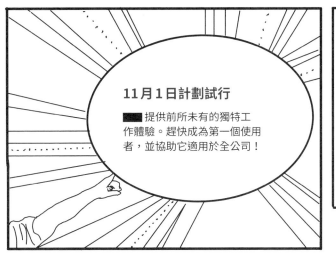

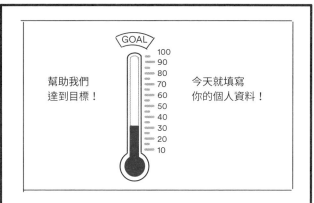

「了解彼此」是一門藝術

我總是很喜歡觀察這樣的海報，從中能看出每個工作團隊**是否真正了解自己想打動的客群**。或許「重組問題框架」最重要的一項功能，就是去了解別人如何看待世界，特別是理解與自己不同的看法的人，而這往往也是我們在工作、家庭、全球所面臨的主要挑戰。

但壞消息是，我們實在不善於了解他人的觀點。就像電影《駭客任務》（*The Matrix*）一樣，我們總是在腦海裡模擬其他人的反應，但常常模擬得很粗糙、效率也不高，使我們猜錯朋友、顧客和同事真正的想法，因而惹上各式各樣的麻煩。

而好消息是，我們了解他人的能力並非無法改變的鐵板一塊。研究指出，我們確實能夠提升對他人的了解，並藉此獲得許多成效。那麼，該怎麼做呢？

當然，其中一種方式就是去和你想了解的人好好相處一段時間。如果想更認識某個人，增加彼此的相處時間當然是個好主意（而且研究也支持這個說法）。與此同時，光是相處還不夠。要是長期相處就足夠，我們的主管早該懂我們的心，而家人和另一半更早該成為我們肚裡的蛔蟲。然而看到處處還有家暴就知道，有可能即使我們和某人過了一輩子，卻仍然不了解對方的觀點。

策略祕訣：用別人的觀點

這是「**觀點取替**」（perspective taking）派上用場的時候了。如果說「相處」指的是實際上一起出去、花些時間待在一起，那麼「觀點取替」指的就是認知上的一起出去、花點時間待在一起：要投注一些精神能量，仔細思考如果從某個人的角度來看會如何，也要思考某個問題或情境在他的眼中會是什麼樣子。

講到「觀點取替」，人們往往會想到「同理心」（empathy），但觀點取替並不只是同理心而已。研究文獻通常將同理心定義為理解他人內在感受的能力。相較之下，觀點取替的範圍更廣、有更高的認知成分，我們需要理解當事人的背景脈絡及世界觀，而不只是他當下的情感反應。

讓我們舉例來說明。假設你的鄰居正在建一道籬笆，不小心一鎚打在手指上。所謂的「同理心」，是在他打到手指時，自己好像也感受到疼痛。而所謂的「觀點取替」，則是能夠了解他為什麼會想建這道籬笆。（另一個詞是「同情心」[sympathy]，指的是會覺得對方很可憐，但不見得會讓自己彷彿感到那份疼痛。）

觀點取替非但可以作為與他人相處或和現實世界交流（下一章會介紹其中一些）的輔助，我們還常常是在做了觀點取替之後，才會覺得有相處的必要。否則如果你覺得自己已經了解他們了，又何必浪費時間再跟他們說話呢？也有些時候，觀點取替會是唯一可行的選項，因為我們不見得有時間、甚至不見得有機會能和對方接觸。（舉例來說，除非有人聰明到一開始就邀請正確的相關人員與會，否則如果只有 10 分鐘討論，就想重組問題框架，絕對無法即時完成。）

想進行觀點取替，有三個關鍵步驟：

1. 記得真的要去實行

講到觀點取替，大家最常犯的問題不是做得不好，而是根本沒做！觀點取替領域的重要學者艾普利（Nicholas Epley）在與卡盧索（Eugene Caruso）合著的論文中表示：「說到要執行觀點取替，最直接的障礙就是根本用都不用。」

許多研究都發現，我們就是沒有啟動自

己「模擬他人」的機制。

在一個令人印象深刻的例子中,克拉爾(Yechiel Klar)與吉拉迪(Eilath E. Giladi)兩位研究學者請學生回答下面這個問題:「與一般學生相比,你有多快樂?」但他們發現,受試者並沒有真正回答這個問題,而是似乎直接回答一個簡單得多的問題:「你有多快樂?」完全沒去理會這個問題要求他們還要與一般學生比較。想要了解別人的觀點是一種主動積極的行為,像是開燈一樣,就是得自己伸手去按電燈開關才行。

———————————

經過這些討論之後,請讓我們再想一想那張像溫度計的海報。這背後所選擇的溝通概念,有什麼引起你的注意嗎?

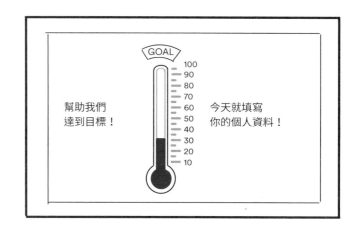

我看到這裡出了兩個錯。

第一個比較細微:現在的指針大約在30%左右。這會告訴讀者**大多數同事尚未連署加入這項計劃**。心理學家席爾迪尼(Robert Cialdini)指出,除了其他原因,像這樣的負面社會認同(social proof)也會讓註冊率降低。

第二個錯誤則比較明顯:這整則訊息的重點都放在**發送訊息的一方**。雖然海報背後的團隊確實是想幫大家的忙,但如果一個路

人經過，看到這張海報，應該會覺得這個團隊在意的只有自己。

「幫助**我們**達到目標」？想想看，如果這家公司面對大眾的廣告也這麼做會怎麼樣：**「巴黎萊雅——因為我們要你的錢。」**

像這種由發訊者「求助」的訊息如果想要成功，前提是受眾對發送訊息的人有強烈認同、又或者這項目標是個肯定不會有人有異議的好事：「幫助我們達到零車禍死亡的目標！」否則在撰寫文案時，最好還是從接收者的角度出發。

這張海報背後的團隊十分優秀，而且也確實努力提供很出色的服務，所以最後還是成功讓許多人都註冊加入。然而當他們試圖傳達概念時，卻無意識的採取以自我為中心的觀點，而沒有考慮受眾，導致專案推廣速度遠低於預期。

如果想躲開這種陷阱，最重要的一步，就是記得要做觀點取替。方法如下：

- 還記不記得，你在「框架」步驟寫下問題時，我請你列出所有利害關係人士？針對你找出的每一位利害關係人士（包括那些在你跳出框架之後新增的人），務必要主動、積極理解其中每個人。

- 如果你並未採用「重組問題框架表」，則請務必記得確保流程中含有觀點取替的步驟。

2.放下自己的情緒

仔細思考利害關係人士的觀點，還只是第一步。知名行為經濟學家（也是重要的重組問題框架思想家）康納曼（Daniel Kahneman）和特沃斯基（Amos Tversky）指出，有效的觀點取替有兩個步驟：錨定（anchoring）與調整（adjustment）。

「錨定」是你開始模擬他人之後發生的

事。為了想了解他人的想法和感受，你想像自己採取他們的觀點，自問：「如果我在他們的情境下，會有什麼感覺？」

有錨定總比沒錨定來得強，但這仍然有一個明顯的缺點：你認為的想法，不見得真的就是他們的想法。假設有一位資深主管在準備演講，而演說內容提到：「如果我是第一線員工，對於即將發表的公司改組有何感想？我或許也和大家一樣會有點猶豫，但我還是會因為這件事可以帶來許多新的機會而感覺十分興奮！」會這樣不食人間煙火，有可能是這位主管在職涯早期就是因為改組而得到第一次重要機會，而且他從未處於「要是被解雇就完了」的狀況。

這時，就需要進到「調整」這個步驟，指的是要放下自己的喜好、經驗與情緒，進一步問：「他們對事情的觀點，和我會有什麼不同？」

- 如果我是對手，我會認為這很重要。**可是，或許他們知道某件我不知道的事。**
- 如果我住在這一區，就會把首要任務訂為改善當地學校。**然而，或許這裡的選民會覺得有其他問題更該盡速解決。**
- 如果我是我那些死黨，應該會覺得飛到巴黎來辦我的單身派對真是太讚了！**但好啦，我也知道裡面有些人手頭很緊，所以可能會想挑個便宜一點的地方。**
- 如果是我8歲時，一定會超愛這部超酷

的紅色消防車，一玩就是幾小時！**可是，今天的8歲小孩可能會覺得沒連上網路的玩具有夠無聊。**

我們可能在錨定的部分做得不錯，但在調整的部分卻不太行。研究顯示，民眾如果在分心、有時間壓力、或是根本沒發現需要調整的情況下，就比較可能會得出錯誤的結論，也比較容易忘記在人群裡每個人的反應不盡相同。

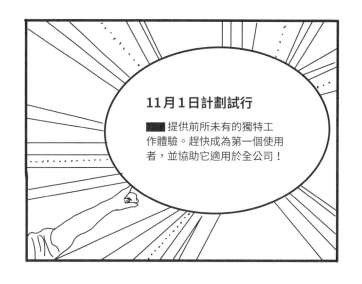

「計劃試行」海報

現在讓我們再看看那張「計劃試行」海報。經過前面的討論，你現在會注意到什麼事？

這張海報並未成功說服它的受眾。事實上，最後這整項專案因為使用率太低，被迫黯然收場。雖然完整的故事很複雜，在這裡無法好好說清楚，但其中一項關鍵因素在於，團隊並未發現**同事對這項計劃的觀點與自己不同。**

讓我們看看這裡的行動呼籲：「成為第一個使用者」，顯然團隊做了一點觀點取替的努力，思考過：「如果是我在這裡工作，有什麼理由可能會讓我想加入？」（這是錨定的部分。）只不過，他們得到的答案是：「應該大家都喜歡一馬當先吧？這會是個絕

佳賣點！」

或許對這批團隊成員來說確實如此（畢竟他們開創這個新專案），但對於創新事物傳播的研究顯示，只有2.5％的人喜歡成為新事物的小白鼠。其他人（也就是25個當中有24個）則寧可看到有人先試用過、而且最後有正面的結果。

另外，也請注意海報上說到這項專案能帶來「前所未有的獨特工作經驗」，顯然不論是對於專案本身，或是專案帶來全新工作方式的潛力，都令團隊感到相當興奮。但團隊所犯下的錯誤是認為其他人也和自己一樣興奮。大部分人並不會在一早醒來時，就認為「現在真想來杯熱咖啡，再搭配前所未有的獨特工作經驗呢！」對我們大多數人來說，把工作做完就已經謝天謝地。

剛好，這項專案的命運也證實光是平常有與同事接觸還不夠。如果說是身處於遙遠的總部不了解第一線的員工，或許還情有可

原。但這裡的專案團隊和他們想說服的受眾根本就在同一間辦公室，卻仍然是以失敗做結。

想要真正做好觀點取替，需要真心、專心、用心投入。或許可以打個比方，這就像是個「情緒黑洞」，火箭需要能量才能克服地球的引力、飛上軌道；你也需要消耗能量，才能衝破自身情感與觀點的限制。否則，你將只能無助的陷在個人觀點之中。想避免這種情況，可以試試以下三件事：

別在第一個正確答案就停下腳步。當你猜測他人想法或動機時，就算覺得應該已經猜到了也別就此停下。艾普利等人發現：「調整的程度往往不夠的部分原因在於，在大家認為達到合理的預測之後就會停止調整。」如果不要停在第一個「聽起來正確」的答案，就能得到更好的結果。

要看他們的背景脈絡，不要只看他們的情緒。想了解他人的觀點時，除了注意他們

的情緒，還要考慮他們的背景脈絡、知道與不知道的事情，以及生活中其他的非情感面向。

明確提醒眾人，要放下自己的觀點。哈圖拉（Johannes Hattula）研究480位經驗豐富的行銷經理，發現光是提醒他們放下自己的觀點，就能提升這些人預測消費者需求的結果。只要說：「別忘了，其他人的感覺可能跟你不一樣。試著克制一下自己的喜好，先專注在了解他們的想法。」

pfizerWorks 專案

雖然還有另一種觀點取替的方式要討論，但讓我們先來做個比較，分別是前兩項失敗的專案，以及這裡要提到的第三個專案，讀者應該已經猜到，這是裡面唯一真正成功的專案。這項專案出自輝瑞，而且事實上我們已經在第6章討論過部分內容，當時談的是科恩和艾佩爾想找來一批能夠掌握

西方溝通規範的分析員。（你可能還記得，pfizerWorks讓輝瑞的員工能把無聊工作外包給遠端的分析員。）

在某些方面，pfizerWorks可說是先天不良：工作團隊位於公司總部，與他們想打動的第一線員工相距遙遠。然而，這次的活動大獲成功。這項服務最後在輝瑞內部就有超過1萬名使用者，在開辦幾年後，也獲評為輝瑞最有用的服務。

所以，究竟這項專案與眾不同的地方在哪？以下是工作團隊成功做到觀點取替的四個關鍵要素：

尋找接近現場的代理人。提出專案的科恩清楚知道，既然自己身處公司總部，並不可能真正了解現場員工的生活。於是他請來卡爾華爾登（Tania Carr-Waldron）加入專案，她在輝瑞工作已有20年，是第一線的重要領導人物。這樣一來，就讓團隊也擁有使用者的觀點。（想像一下，前面號稱要提供「前所未有的獨特工作經驗」的那支團隊如果也能這麼做，結果會有多大的不同。）

鎖定使用者「感受到的問題」。受眾在乎的不是你提出什麼解決方案，而是**他們面對著怎樣的問題**。工作團隊因為知道這一點，在海報上沒去強調這項服務有什麼了不起的功能，反而是去描述員工日常生活的問題：「我只有18小時，就得把文件準備好」（再指出pfizerWorks可以幫忙解決）。這樣一

來，比其他東西都更能抓住受眾的注意力。

運用社會認同。工作團隊了解，大多數人在嘗試新事物之前，總希望先看到一點令人安心的證據。科恩就說：

當我們第一次到某間分公司推廣pfizerWorks時，不是直接去貼海報，而是先請那間分公司的一兩位同事來試用這項服務。如果他們喜歡，我們就會再問：「那我們可不可以把你放在推廣海報上，貼在你們公司？就只會貼在你們公司裡而已。」於是當員工經過時，就會看到自己認識的某個人已經在使用這項服務。我們還會請這些人在海報上簽名，讓人覺得更有人味。這就是讓大家願意嘗試這項服務的關鍵。

針對不同受眾，安排不同框架。給第一線員工的資訊已經十分切入要點：「使用這項服務，你就不用週日加班準備報告。」但

除了第一線員工，科恩還得讓在總部的資深主管也願意使用這項服務；為此，他知道一定也得了解這些人考量的背景脈絡：

　　一開始，我打算把這項概念的主打重點放在節省成本：畢竟我們有可能幫公司省下數百萬美元。但對於像輝瑞這樣的公司，盈收是數十億美元，總部的人聽到幾百萬美元並不會很興奮。他們真正在乎的是生產力。所以能夠打動他們的說法是：「我們最有才華、領有高薪的員工，卻在低價值的工作上浪費太多時間。想像一下，如果能讓他們少抱怨一點，生產力會有多大的提升。」

3. 尋找合理的解釋

　　在我的老家哥本哈根的街道旁，每隔一段距離就設有停車收費站。在你停車之後，就得拖著腳步走到最近的收費站，付錢後拿到一張小紙條，再回到你的車上，把紙條放在前擋風玻璃那裡，就能避免收到違規停車的罰單（像是用大蒜防禦吸血鬼一樣）。

　　在我住的哥德街（Gothersgade）上，街道兩側都有兩兩相望的收費錶：

　　一開始，這種安排總讓我覺得很火大。每次好不容易找到空位，卻剛好在兩個收費站的中間，讓我得來回長途跋涉。都市規劃都要這麼沒腦嗎？為什麼他們就是不懂，如果把收費站的位置錯開，民眾就可以少走點路了啊？

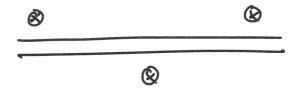

正是這種想法，讓我成為基本歸因錯誤活生生的例子。每次只要在生活上遇到不便，我們的第一個想法常常是認為負責人不是太愚蠢、太粗心、就是心太壞。如果我們並不認識這個人，只能接觸到他們設計出的系統，這種效應還是會更強烈。

然而事情沒那麼簡單。確實，有些人在設計系統時並未真正注意到終端使用者的需求。確實，那些負責人有時候算不上是精英中的精英。確實，你遇上的系統不見得都能符合你最大的利益考量（特別是涉及商業動機時）。但同樣的，其他人的作為背後也常常會有一個合理的解釋：如果情況換成是你，有可能也會做出一樣的決定。

以停車收費站的位置為例。讓收費錶兩兩相對，有可能是有著技術或成本上的考量，又或者是為了讓收費員工作能夠輕鬆一些。還有一個甚至更好的理由，而且到頭來也算是符合我的直接利益：防止民眾跨越馬路繳費。（過去高速公路旁曾經每隔一段路就設有緊急電話，原理也相同。這些電話同樣兩兩相對，好讓車子故障的車主不會試著想跨越馬路，造成意外的風險。）

「心存善念」的觀點會有好處

透過這個故事，我想強調一項關鍵概念：如果錨定與調整都無法提供新觀點，還有另一種方法可能有用：假設大家的出發點都是想做好事（至少不是刻意想找你麻煩）。

我們可以這麼思考：

- 這件事背後是否可能有個單純、無惡意的解釋？
- 我在什麼情況下也會這麼做？
- 他們會這麼做，有沒有可能並非因為愚蠢、粗心或心懷惡意？會不會他們其實都是好人，只是盡力想做好事？
- 他們的作為有沒有可能其實符合我的最大利益？

- 有沒有可能是因為我並未讓他們知道我真正的利益，所以讓他們誤以為這符合我的最大利益？

如果行為的背後確實有著單純、無惡意的解釋（可能問題是由第三方造成、又或單純出於誤會），你的反應又太過嚴厲，顯然就不太公平。而且研究顯示，這可能會造成行為的惡性循環。

還有另一種情形：就算對大局而言不利，但對方的行為有可能對他們自己很有道理。「為了自己好」很難成為我們責怪他人所作所為的理由（只要不是完全違反道德），所以遇到這種問題時，最好認為是系統性的問題、而不要認為是人的問題。

我們說要找出這種合理的解釋，並不代表你要「原諒」對方，或是繼續容忍這個問題存在。這樣的情況有可能仍然必須改變，而且人也確實有可能是好心做壞事，沒有意

識到自己造成的影響。

然而，如果你能努力尋找合理解釋、真心嘗試理解他人觀點，就更有機會正面解決這種問題。就算必須讓對方改變行為，如果你能先指出對方的善意、再去討論對方可能造成的影響，通常也能讓雙方的對話更加容易。（「我知道，你送我女兒一把熱熔膠槍是一片好意，可是……」）

「一定要有一支影片可以瘋傳唷！」

有時候，只要找出合理的解釋，就能形成解決問題的助力。讓我們用雅蔻博（Rosie Yakob）的經驗為例，她是廣告代理商 Genius Steals 的聯合創辦人。

雅蔻博在職涯早期曾擔任全球跨國廣告公司 Saatchi & Saatchi 的社群媒體業務主管，當時有位同事希望能提升公司臉書粉絲的參與度，因此拜託雅蔻博為他們設計一項活動。雅蔻博告訴我：

從一開始，這位同事就顯然不懂社群媒體怎麼運作。例如她一直要求，一定要能有一隻YouTube影片「瘋傳」。如果是外行人，確實會覺得這樣聽起來很厲害，但根據過去經驗，我們知道實際的用戶參與度（而不只是被動的觀看次數）更能代表活動是否成功；因此我們以此為基礎設計一項活動。

然而，那位同事還是不斷要求，一定要有一支影片可以讓大家「瘋傳」。於是雅蔻博花了一些時間，向她解釋社群媒體的眉眉角角：

我們蒐集大量個案研究，並特地安排和她電話聯絡，仔細解釋為什麼我們的方法才是對的。她說自己都懂了，也承認我們是對的，但在通話的最後，卻說：「所以你們會讓那支YouTube影片瘋傳起來，對

吧？」簡直難搞到了極點，我們都想把這個蠢同事的頭髮扯下來了。她要我們做的，就是一件完全沒意義的事。

但雅蔻博想了又想，心中開始懷疑。這位同事除了不懂社群媒體之外，感覺起來也沒那麼笨。會不會有其他原因？

為了找出答案，雅蔻博邀這位同事去喝酒，等到兩杯馬丁尼下肚，這才找出答案：如果影片的觀看次數能破百萬，這位同事就能得到額外獎勵！

了解她的情況後，我們改變策略。我們可不可以直接花錢購買百萬觀看次數（這件事花不了多少錢、沒有鎖定的客群，基本上就是為了讓她得到這筆獎勵），再把剩下的預算用在我們知道真正重要的事情上？她同意了，也終於放手讓我們做事。這算不上什麼理想的解決方案，但這是在

那種情況下最好的選擇，最後這場活動也確實提升臉書粉絲的參與度。

特別「精彩」（意思是爛得讓人想笑）的海報，拜託寄給我，以後我搞不好還可以開個爛海報博物館。

其他策略的背後都有某些微妙的道理，但相較之下，觀點取替背後的道理卻是再基本不過：「記得要考慮其他人。不要把自己的喜好誤認為他們的喜好。對了，還得考慮他們會不會其實是個好人、只是想盡力把事做好。」在我自己靜下心來獨處時會告訴自己：「大家基本上都是聰明人。我們真的需要別人來提醒我們這種事嗎？」

後來，我每到一個大型工作環境時，發現那裡的工作者也都是聰明而才華洋溢的人，但只要看看海報，每看到一張設計得好的海報，總能輕鬆找到另外三張設計得差的海報。在這個比例翻轉之前，我還是會繼續向讀者大聲疾呼：下次在辦公室時如果看到

以他人觀點思考

所謂以他人觀點思考，指的是特地投入時間來了解他人，以避免對他人及其行為造成誤判。如果能養成習慣，從各個利害關係人士的觀點來探討手上的問題，就更容易擺脫由自己的世界觀所造成的「情緒黑洞」。

想做到這點，請依循我們前面討論過的步驟：

1.記得真的要去實行

　　除非你真心努力去了解他人，否則總會有所誤解。想避開這種陷阱，就要運用利害關係圖：

- 列出與問題相關的團體或個人。別忘了也要找出潛在的利害關係人士；前面在「跳出框架」策略的部分曾經介紹過這點。
- 對於每位利害關係人士，請思考其需求、情緒及一般觀點。這個人面對著什麼問題？有什麼目標？相信什麼？有什麼背景脈絡？手上有什麼資訊？

2.放下自己的情緒

　　找出各方利害關係人士的需求時，要刻意放下自己的觀點。如果是小組合作，要記得提醒組員，別人的想法感覺可能和我們不同。可以提出哈圖拉的研究：

- 「研究指出，在想要了解他人的時候，人們還是太過著重於自己的觀點。要試著放下自己的喜好，專心注意他人的感受和想法。」

　　科恩之所以會邀請卡爾華爾登加入pfizerWorks團隊，也是為了能真正了解輝瑞第一線人員的想法和感受。這也幫助科恩團隊建立起實用的服務，能夠幫助員工解決正確的問題。如果你和受眾沒有太多相處接觸，能不能找到像卡爾華爾登這樣的人來幫忙？

3. 尋找合理的解釋

像是前面提過的「電梯太慢」問題，大多數人只會覺得是租戶太懶、太沒耐心，而不會想想這些抱怨背後是否有充分的理由：他們會不會是曾因此錯過重要的會議？

同樣的，請別忘了大多數人都會覺得自己是個理性的好人。如果想要避免自己落入負面的刻板印象與憤世嫉俗的想法，可以思考：

- 對方行為的背後，是否可能有個單純、無惡意的解釋？
- 對方的行為是否可能有個正當的理由，而不是因為他們太蠢、或是出於惡意？
- 對方的行為是否有可能符合我的最大利益？（或者至少在他們心中這麼認為？）
- 問題有沒有可能是出自整個系統或動機的因素，而不是因為對方本身？

第 **9** 章

前進

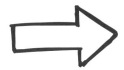

關閉循環

建立框架　　　　前進

重組問題框架

羅德里格斯（Kevin Rodriguez）曾有個夢：在紐約開一家義式冰淇淋店，賣自己最愛的義大利冰淇淋。剛好他有個朋友雅伯特，也就是皇家棕櫚沙狐球俱樂部的創辦人，於是他自然而然請她幫忙，一同實現自己的夢想。

但還不到短短8小時，雅伯特就粉碎了羅德里格斯的夢想。

她邀請羅德里格斯一起在紐約市散步，參觀各家義式冰淇淋店、和店主聊聊天。她

告訴我：

整天下來，我們不管走到哪都看得到義式冰淇淋店。當我們和店主聊天之後也發現，這顯然不是一門很賺錢的生意，多數店家是靠著賣咖啡才得以生存。我們從整個參訪過程可以清楚知道：這不是一項應該去解決的問題。

乍看之下，粉碎某人的夢想似乎是件壞

事。但請想想另一種可能：羅德里格斯義無反顧的開了義式冰淇淋店，投入自己的積蓄與幾年的人生，業績卻一直不見起色。正因為雅伯特堅持「我們就出去走走，看看那些義式冰淇淋店主的現況」，這個簡單的做法就讓羅德里格斯把精力轉移到另一個更有展望的問題上（他最後也成功了！如果你有興趣知道，歡迎查看註釋內容）。

測試你的問題

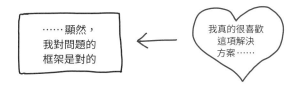

大多數人都知道，任何解決方案都應該先經過測試再落實。但比較少人知道的是，在測試解決方案之前，就連問題也應該先測試一下。這就像是醫師在實際動手術之前會先做一些檢測，以確認診斷無誤；解決問

題的人在實際動手解決問題之前，也應該先確認問題的框架是否正確，才去執行解決方案。

這點非常重要，因為就連「測試解決方案」這件事，也可能造成嚴重的時間浪費。興沖沖的想找出解決方案時，很容易會覺得：「嗯，那我的義式冰淇淋店該叫什麼名字？做個焦點訪談會不會有幫助？店裡該賣哪些口味？裝潢風格呢？要不要找個室內設計師做個模型？」如果是某些技術問題的解決方案，更容易讓人覺得一頭熱：「我們真的可以製作那些超炫的玩意了嗎？我們趕快去工程實驗室耗上8年來試試吧！」

更不利的一點在於，一旦開始測試解決方案，可能會把事情帶往另一個方向，讓人忘記研究問題本身是否合理。像是如果已經給義式冰淇淋店找到一個完美店名，就更難回頭思考：到底開店是不是個好主意。

為了避免這種情形，「重組問題框架」

的最後一個步驟，就是**安排實際測試，驗證問題的框架**。這一步會（暫時）關閉整個循環，讓人進入解決方案模式。這件事類似於行動計劃（action planning），但特別強調要確保努力的方向正確。

以下將提出四種方法，能讓你驗證手上的問題是否正確：

1. 向利害關係人描述這項問題

聯邦調查局（FBI）人質談判專家佛斯（Chris Voss）和持械挾持人質的匪徒打交道時，會使用一項簡單但有力的技巧：「標籤法」（labeling）。佛斯表示：

> 如果有三名逃犯，已經被圍困在哈林區某棟公寓的27樓，他們一個字也不用說，你也知道他們擔心兩件事：被擊斃或被捕入獄。

佛斯開啟對話的方式，並不是試著要說服他們做任何事：「你們已經逃不掉了，放下武器出來投降，否則後果自行負責！」他的方式是開始為逃犯的恐懼貼上標籤，而且措詞非常謹慎：

「**看來**你們不想出來。**看來**你們在擔心如果開門，我們會衝進去開槍。**看來**你們不想回去坐牢。」

正如佛斯所指出，如果聽到自己的問題被準確描述出來，會在心裡形成強大的影響。你可能還記得pfizerWorks的海報（「這些文件要在18小時內定稿？」），如果有人能讓你知道他了解你的問題，就能建立信任感、打開合作的大門。佛斯表示，靠著這套方法，就讓他解決無數挾持人質的問題。（他也指出，就算你搞錯問題，也總是能說「我並沒有說一定是這樣，我只是說『看來』是這樣。」）

問題會議

這種方法不只對人質談判有用而已。如果想要驗證自己的問題框架，最具成本效益的一種方法就是**把問題描述給相關的人聽**。

以新創事業為例，史丹佛大學教授布蘭克（Steve Blank）就提倡一種「問題會議」（problem meeting）：你以創業者的角色去找目標客戶，試著把自己的問題描述給他們聽。這裡的重點不是要說服誰相信這套框架，而是要測試這套框架能否引起共鳴。布蘭克就說：「目標是吸引客戶說話，而不是自己說話。」

新創思科

我也曾經看過企業使用這套方法：思科（Cisco）員工歐阿薩德（Oseas Ramírez Assad）、塞巴洛斯（Edgardo Ceballos）與亞非利卡（Andrew Africa）打造了一項內部服務，稱為「新創思科」（Startup Cisco），希望能讓員工迅速測試自己的想法。

拉米瑞茲指出：「思科的員工常常會想出一些絕佳的概念與技術創新，但我們並不一定總是能迅速測試這些概念、看看能不能應用到客戶的某個問題。所以，我們開始以此為主題來舉辦工作坊。」

想要迅速驗證這個想法，靈感是來自外部顧問利古歐利（Steve Liguori），而他參考的是自己與奇異（GE）合作的經驗：

當時有種嚴格的文化規範：任何產品服務都必須等到完美無缺，才能呈現在客戶眼前。於是會先有工程師說：「我們可以做這個。」接著高階主管們會問：「大家對這個概念覺得怎樣？」不久顧客會聽到：「大家一定會愛上這個概念！」但接著就得等上三年，一直沒看到產品問世。等到這個大家心目中完美的產品終於上市，但卻聽到顧客說：「還行啦，但為什麼沒有

ＸＸ功能呢？」最後等到產品賣得很差，大家又會說：「都怪行銷和業務太笨，不懂怎麼賣產品。」

一開始，新創思科的工作坊也會出現這種事。拉米瑞茲說：

員工找上我們的時候，會對自己想製造的技術產品信心滿滿，並且會據以反推顧客需求，想證明自己的想法是對的。我們試過幾次之後，就發現我們必須先好好了解問題，之後再談如何打造解決方案。

為了了解問題，拉米瑞茲等人非常強調盡早與客戶建立聯繫。拉米瑞茲談到他們採用的方法：

我們去找客戶，和他們說：「我們正在研究這項議題，請問這項議題真的是你們遇到的問題嗎？可不可以請你再多告訴我一點？」重點在於把焦點放在「他們的問題」，而不是「我們的解決方案」，這樣才能讓整件事與客戶更切身相關、而這也才是我們要深入了解的核心內容。我們真的抓對了他們的問題嗎？

有一次，一位思科的老員工卡茲拉（Juan Cazila）提出一個相當具有發展潛力的想法，可以用於煉油和天然氣採集。然而，這項專案一直卡在思科的內部流程，最後卡茲拉把專案帶來新創思科工作坊，想看看能不能有所進展：

工作團隊逼我跳過正常流程，直接找上客戶，和他們談談。於是在工作坊的第二天，我們就寫了一封電子郵件，寄給埃克森美孚、雪佛龍和殼牌等公司的15位高層主管。

當天下午，卡茲拉就已經和三位客戶搭上線，進行熱烈討論。「我們想知道，你們的煉油廠有沒有這個問題？有嗎？這個問題花了你們多少錢？」

事實證明，這三位客戶都遇到了這個問題，而且都很想解決這件事。掌握這些資訊後，卡茲拉聯絡思科的服務主管，要求提供資源推動專案。兩個小時後，他得到了肯定的答覆，讓專案得以進行。在本書寫作時，該專案已經得到資金，正在思科的拉丁美洲大客戶那裡進行測試。

2. 尋求外部人士協助

想驗證問題時，外部人士會是一股很好的助力。畢竟自己可能對問題（或解決方案）早已有了偏好的觀點，但他們在情感上就比較沒有這種預設的偏好。特別是如果要

處理的問題比較抽象，不像一般的產品或服務那麼具體，請外部人士協助就特別有用。

以德羅奎妮（Georgina de Rocquigny）為例，她是香港品牌管理公司 Untapped Branding 創辦人，重組問題框架的經驗豐富。她的一位客戶是當地的管理顧問公司，已經成立多年，但一直沒能建立起自己的品牌形象。

隨著公司不斷成長，這家管理顧問公司開始覺得競爭對手的品牌愈來愈更清晰，於是找上德羅奎妮，提出「我們需要妳幫我們打造出策略顧問公司的形象」。

這位客戶對問題的框架十分合理。在管理顧問產業裡，有策略顧問公司，也有更偏向實務的「實作」公司，而兩者之間隱隱有著高下的階級之別。一般認為策略顧問公司的工作更細緻，通常也會得到更高的報酬。因此，許多顧問公司都希望營造出策略顧問的形象。

然而，德羅奎妮知道應該先驗證一下這

項問題。因此她並沒有一頭直接栽入品牌營造工作，而是說服客戶讓她先去訪談一些顧客、員工和合作夥伴。她告訴我：

關鍵是在過程中取得各種不同觀點，測試這裡要解決的問題到底對不對。事實證明，他們還真的抓錯了問題。這位客戶似乎不太想被視為比較實作的那種公司：「我們不希望別人覺得我們像是汽車修理廠。」然而訪談結果顯示，顧客其實很喜歡他們這種特質。顧客和合作夥伴的意見像是「我之所以選他們，是因為他們做的不只是提出策略；我喜歡跟他們合作，是因為雖然他們很聰明，但也肯捲起袖子做事。」

有了訪談結果之後，德羅奎妮說服這位管理顧問客戶，讓他們知道自己不該追求純粹策略顧問的形象，反而應該要好好運用自己擅長實務工作的能力、甚至該以此自豪。

最後，他們打造出一個「連結策略與實作」的強力新定位，無論在公司內部或顧客心中都深深引起共鳴，也推動公司持續成長。

德羅奎妮回想這個過程：「我覺得很有意思的一件事，就是在定義自己及公司品牌的時候，發現『感覺』實在扮演著非常重要的角色。許多客戶來找我的時候，其實會對自己做的事情有點不好意思，覺得好像該變成某個人才能成功。但如果我去訪談他們的顧客，常常會發現他們覺得不好意思的事，其實正是他們的長處所在。」

正如德羅奎妮的案例指出，驗證問題並不一定是要給問題做出「沒錯，框架正確」或是「不對，這個框架不行」這樣的是非二元判定。有些時候，問題框架可能大致正確，但在驗證的過程中卻會發現有些重要細節，能讓你找出甚至更好的解決方案。以這個案例來說，這家顧問公司想要進一步貼近策略顧問的品牌形象，其實是件對的事。德

羅奎妮的分析並沒有推翻這個想法，只是去讓公司了解這樣的品牌形象與公司在實作上的長處並不矛盾。有了新定位之後，也讓該公司得以與許多其他一心追求純粹策略顧問的公司有所不同。

3. 設計一項實地測試

　　驗證問題的時候，除了是想測試問題是否實際，也要測試這個問題是不是夠重要，能讓利害關係人真心想要解決這個問題。這裡的關鍵，在於測試的設計要能讓利害關係人吐露真心的答案。以下讓我們看看兩位企業家如何做到這一點。

由Q管理

　　拉赫曼尼安（Saman Rahmanian）買下第一間公寓的時候，決定要加入大樓的管理委員會。他很快就發現，原來要管理一棟住宅大樓竟如此麻煩：

> 特別是清潔公司，讓我心很累。當時那家公司已經聽說算是比較好的了，但服務還是爛到爆，很難清楚知道他們有沒有好好打掃。我太太會問：「他們今天真的有掃樓梯嗎？」而我無法判斷。當時他們無法和清潔人員好好溝通，頂多就是直接打電話給他們公司，或是貼一張便利貼，祈禱清潔人員會注意並照做。

　　拉赫曼尼安想到了一個辦法：為住宅大樓打造一套統包服務，將清潔與其他服務的處理專業化，像自己這樣的管委會管理起來也就能大大省事。

　　這個想法令拉赫曼尼安十分興奮，開始和同事討論，其中一位泰倫（Dan Teran）原本做的是社群工作，而他後來也成為拉赫曼

尼安的共同創辦人。

由於泰倫和拉赫曼尼安很了解精實創業（lean startup）的概念，因此懂得在實際成立服務前，先驗證自己的問題是否真正能打中顧客的心。於是他們先推出一套推銷簡報，彷彿服務已經就緒，試著去銷售這套服務。

拉赫曼尼安解釋道：「我們安排與20個管委會開會，整整花了一週來拜訪、推銷服務。得到的反應非常正面：很多人表示興趣，也認為這是個好主意。」

如果泰倫與拉赫曼尼安就只做到這裡，很有可能會相信自己方向正確、開始實際打造服務。但他們從經驗知道，這樣的測試還太簡陋，顧客有可能說的是一套、但心裡想的又是另一套。所以，他們在推銷簡報的最後，會要求對方支付訂金：「你們這麼喜歡我們的服務，真是太棒了！服務在幾個月內就會開始，如果現在刷卡支付頭期款，就能優先保留。」

拉赫曼尼安告訴我：「在你要求對方填寫刷卡資訊之前，不管他們的反應有多正面積極，都不能真正相信。等到要求刷卡資訊之後，才能看到是不是真心想預約。」

他們的謹慎一點沒錯。他們找上的20個管委會，只有1個真正預約服務。打掃清潔不佳確實是個問題，但顯然嚴重或緊急的程度還不足以讓客戶開始想行動。

然而故事還沒結束。他們在測試過程碰到一位大型商業房地產仲介業者，業者的反應很直接：「這對辦公大樓很棒。」拉赫曼尼安說：

我們覺得如果是辦公大樓應該能成功，決定調整一下行銷簡報，再試試看。所以，在我們找上管委會但大失所望的大約兩週後，我們又去拜會25個辦公大樓管委會。而最後的結果，總共18個都在第一次開會後就填了刷卡資料預約服務。那時，我們

就知道已經找對該解決的問題。

他們把公司名稱定為「由Q管理」（Managed by Q），典故出自007電影裡那位能提供各種實用玩意的軍需官Q。最後，他們的服務募資超過1億美元，服務範圍遍及全美各地辦公大樓，也因其創新思維與人道勞動條件而廣受讚譽。其他清潔新創公司常常使用的是充滿剝削的承包模式，但他們選擇全職雇用旗下清潔人員，提供公司5％的股份，為清潔人員創造真正的職涯。這或許是史上第一次，當個清潔工不見得是走投無路的工作。

四年後，公司的執行長泰倫代表公司領取美國政府所頒贈的獎項，表彰該公司領先群倫的勞工待遇。（至於拉赫曼尼安則已經離開，到醫療保健領域推動下一個新創公司。）「由Q管理」在本書英文版出版前不久被收購，總價據稱超過2億美元。

4. 針對解決方案「製作前型」

某些情況下，除了驗證問題，也可以同時測試問題和解決方案。這裡的關鍵方法就是「製作前型產品」（pretotyping）。這個詞是由谷歌員工薩瓦（Alberto Savoia）自創，與一般所稱的「製作原型產品」（prototyping）不同之處在於，並不需要真正打造解決方案，而是試著模擬出產品，看看客戶是否接受。

還記得BarkBox的沃德林與Net-90的例子嗎？BarkBox團隊有天晚上在聚餐，大家開始丟出各種新的商業想法作為消遣。一位合夥人看到開了的紅酒瓶，就說「我敢打賭，我們一定可以設計出一款有趣、狗狗風格的瓶塞。」沃德林說：

就這樣接二連三，大家開始誰也不想輸。有人拿出筆電，畫了個逼真、外型很有趣的紅酒瓶塞3D模型。也有人說：「嘿，我

要做個網站，讓人可以買瓶塞。」還有一個人設計產品廣告，甚至開始在社群媒體上投放幾個廣告活動。在整個過程裡，沒有任何一個是認真把這個產品當生意在做。

就在上甜點之後不久，團隊已賣出第一個紅酒瓶塞，顧客是位在臉書上看到消息的用戶。沃德林剛好注意到時間：從構思到在現實世界完成銷售，總共只花了73分鐘。

團隊證明自己的商業敏感度，已經心滿意足，也擔心自己剛創造出來的小怪物會整個變得生龍活虎、把他們吸進一個有著紅酒和狗狗的文氏圖（Venn diagram），因此立即關閉網站，把錢退給那位顧客。

我們並不一定永遠都必須驗證你的問題。如果能有迅速、簡單的方式可以測試概念，就可以省下診斷問題的麻煩。只要把整個概念丟出去（在這個案例則是丟上網路），看看成不成功就行了。

等到計劃好如何前進，就是已經完成重組問題框架的過程。但還有一個步驟：安排在何時要再次重組問題框架。為此讓我們用另一個領域的故事來舉例，在這個領域裡，定期重新檢查問題有可能攸關生死。

重新檢視問題的重要性

麥奎爾（Scott McGuire）抵達事故現場、發現傷患的時候，會遵守一個簡單的「ABC」檢查流程：

A：呼吸道（Airway）：此人呼吸道暢通嗎？

B：呼吸（Breath）：此人呼吸正常嗎？

C：血液循環（Circulation）：此人脈搏穩定嗎？

用這套流程，能讓麥奎爾先確定傷患的生命是否有立即危險，之後才著手治療其他受傷情況。如果現場只有麥奎爾一人，他會在開始治療前再做一件事：在腿上貼一條膠帶，寫下要再做下一次ABC檢查的時間。「如果傷患情況比較危急，我可能每3-5分鐘就會檢查一次生命徵象。如果情況比較穩定，就會每10分鐘檢查一次。之所以要寫下來，是為了確保就算又發生許多事，也不會忘記要做這件事。」

麥奎爾從13歲就自願加入搜救隊，當過消防員、急救員、荒野嚮導、登山嚮導等等。在這些工作裡，各種緊急應變守則總告訴他，必須定期重新評估情況：

> 雖然看起來好像是走回頭路，但通常都能找出新的資訊。有時候，雖然資訊一直就在那裡，但還是要再回到原先的視角，才會看得更清晰。也有時候，情況會發生變化。像是如果有人肋骨骨折，可能在第一次檢查的時候，還會因為腎上腺素發揮止痛效果，而讓他們沒有感覺到疼痛，直到10分鐘後再次檢查，才會發現問題。

問題框架就像是前面的ABC檢查，不該只做一次就算了，而需要定期重新檢視。

這件事之所以重要，是因為問題會隨著時間而改變。就算一開始的問題診斷正確無誤，一直堅持當時的檢查結果也會十分危險；像是麥奎爾也絕不該只做一次ABC檢查，從此就認定傷患情況一切穩定。正如設計學者多斯特對組織的看法：

> 在傳統的問題解決過程裡，第一步永遠是「定義問題」……但在定義問題的時候，也會在無意間凍結整個情境脈絡。而這又往往會是個嚴重的錯誤，會在想要實施新解決方案的時候回頭造成困擾。

做定期重新檢查也有助於處理時間有限的事。一般來說，與其在事前就完成一切診斷，比較好的做法是先迅速完成一輪重組問題框架、前進，再重新回到問題診斷。

四種重新檢視診斷結果的方法

為了確保你會三不五時回來重新檢視問題，方式如下：

1. **完成每一輪循環後，立即排定何時要再重組問題框架**：當然，每項專案適合的間隔時間有長有短，但基本上安排重新檢查的時程還是積極一點好。

2. **將重組問題框架的工作分派給其他人負責**：麥奎爾在當消防員的時候，隊上會有一位隊員擔任事故指揮官的角色，這個人的工作就是遠遠站在後方，監控火勢發展。同樣的，我們也可以指派某人負責堅控問題發展、安排後續追蹤。

3. **排入團隊工作流程**：定期重新檢查是個很有用的做法。在災區的時候，麥奎爾等急救人員會固定每4小時舉行一次全體會議，開一次會可能只會花上15分鐘。同樣的，使用各種敏捷方法（agile methods）的工作團隊，通常每天會以「站立會議」（stand-up）開始，讓每位成員提出自己在處理的問題。你是否可以把「重組問題框架」納入某些現有的例行流程？像是每週的員工會議？

4. **練習這種心態**：最後，經過足夠的練習，重組問題框架就會成為我們的第二天性，讓人有「雙重視角」，同時注意問題與解決方案。在這之後當面對瞬息萬變的情況，就算沒有結構性的提醒，也有本能反應，重新檢視問題。

章節重點回顧

前進

看一下你自己的問題陳述。針對每一句話找出「前進」的方法。

你該如何測試你的問題？

如果是問題解決的新手，總會想證實自己的理論：「我的解決方案不是太棒了嗎？讓我們看看能不能真正辦到。」但如果是問題解決的專家，就不會把精力放在證實自己相信的框架，反而會想設法證明這個框架有問題。就像是羅德里格斯說想開義式冰淇淋店的時候，雅伯特的反應正是如此：你能不能迅速從現實世界下手，判斷自己要解決的是不是對的問題？

如果想驗證自己的問題框架，我們談過了以下四種可行策略：

- **向利害關係人士描述這項問題**：像是思

科團隊的例子，訪談相關各方，向他們描述問題。重點不是要說服對方接受你的框架，而是如布蘭克所言，是要看看你的框架能否引起受眾的共鳴，為你提供更多資訊。

- **尋求外部人士協助**：如果你懷疑自己已經跟自己的想法靠得太近，又或者覺得周遭的人不會提出完全坦誠的意見，可以考慮尋求外部人士的協助。可以回想一下德羅奎妮關於顧問公司的案例，他們驗證了關於品牌形象的假設。

- **設計一項實地測試**：請回想「由 Q 管理」如何使用填寫刷卡資訊這件事，測試受眾對問題的感受是否真的夠強烈。你能怎樣為自己的問題（或解決方案）安排類似的測試？

- **考慮針對解決方案製作「前型產品」**：如果針對某個解決方案有簡單、無風險的測試方式，就大可嘗試。可以考慮使用薩瓦的「前型產品」概念，找出能夠迅速測試解決方案的辦法，像是 BarkBox 團隊測試紅酒瓶塞概念的方式。

除了以上四種，還有許多驗證問題的方式。如果你還需要更多靈感，可以參考各種與新創相關的文獻，或者更好的辦法，就是與有新創經驗的人直接聊一聊，就像是羅德里格斯找上雅伯特的例子。

最後，在關閉整個重組問題框架的循環、開始實際行動之前，千萬別忘了要安排下一次重組問題框架的時程。

PART

3

克服阻力

overcome resistance

第 **10** 章

三項現實挑戰

複雜問題及解決方式

你現在已經知道重組問題框架所需的一切。在能徹底掌握之前，自然還有許多東西要學，但將會是「從做中學」：把這套方法應用到自己、客戶、同事和朋友的問題上。

然而，我在這裡還有一些事要提。在處理現實世界的問題時，總會遇見所謂的「複雜問題」，也就是在實際重組問題框架過程中所經歷的障礙，像是有人抗拒重組問題框架，又或是連問題的起因都找不出來。

在本書PART 3中，要處理的就是這類問題。下一章，我將討論如何克服他人對重組問題框架的抗拒。而本章中，則會討論如

何解決下列三種常見挑戰：

1. 如何判斷該處理哪個問題框架（如果面對許多不同框架）。

2. 如何找出問題的未知原因（如果你還無法判斷情勢）。

3. 如何克服孤島思維（如果其他人抗拒外部人士參與）。

本書的PART 3其實是作為參考，所以如果你已經等不及想開始實踐，只要記得還有這章，就大可直接跳到最後一章「結論」。

1. 如何判斷該處理哪個問題框架？

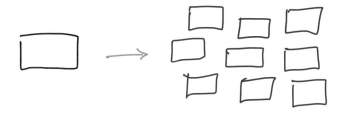

重組問題框架前   重組問題框架後

第一次嘗試重組問題框架的時候，有些人可能遇到一種困擾：「原本我只有一個問題，現在卻變成有十個問題。真是謝了啊！什麼重組問題框架，還真是幫了大忙！」

覺得困擾未必是件壞事，而是正常的過程。一開始的時候，你可能會覺得自己不再有個「簡單」的觀點，覺得很麻煩；但大致上，你從此就不會搞錯該解決的問題，算是一種補償。

這裡還有個非常實際的問題要處理：對

問題提出許多不同框架之後，要怎麼判斷該從哪個框架下手、又該先放掉哪些框架？

如果要解決的問題攸關生死成敗，當然就該更嚴謹些，對每個問題框架都進行系統分析、逐一實際測試。但通常我們既沒有那種時間、也沒有那麼多資源（或耐心），所以會選擇一兩個框架作為著重的焦點，等到下一次循環再重新檢討。那麼，到底該怎麼選？

雖然世上問題種類繁多，沒有一定的公

式可以套用，但以下三條黃金法則能幫上一點忙。檢視問題框架時，請特別注意有沒有以下特色：

- 「令人意外」。
- 「簡單」。
- 「是真的就太不得了了」。

著重「令人意外」的框架

改變問題框架時，你（或是你協助的對象）有時候會忽然對某個框架感到意外：「哦？我怎麼沒想過這個觀點？」在我的工作坊，許多學員表示身體會有感應，找出新觀點時身體感覺似乎輕鬆起來。

當然，「令人意外」並不代表這種框架最後一定能派上用場，但一般來說，能帶來這種感覺的框架值得你再多想想。之所以會感到意外，正是因為它打破你原本陷入的心智模型，讓你更有機會找出有用的新觀點。

尋找「簡單」的框架

在一般人的想像當中，常常覺得要有複雜的新科技，才能得出突破性的解決方案。舉例來說，手機是靠著量子力學、原子鐘和軌道衛星，才能發揮精確定位功能、確定你所在的位置。因此常有誤以為最好的解決方案，一定是那些極其深奧、有著難懂細節的解決方案。

但根據我的經驗，這類案例其實並不多見。在日常生活中，好的解決方案（對應著好的問題框架）多半相當簡單。還記得韋斯怎麼解決狗狗收容所的問題嗎？不過就是想辦法讓狗狗繼續待在原主人的身邊罷了。最好的解決方案事後看來常覺得再當然不過。找到解決方案時，大家的反應總是「本來就該這樣啊！我們為什麼沒有早點想到？」

如果有多種問題框架可供選擇，一般來說就該選擇比較簡單的框架。據傳，中世紀托缽會修士哲學家奧坎的威廉（William of

Ockham）曾經提出「奧坎剃刀」（Occam's razor）主張。說穿了就是告訴你「若一個現象有許多種可能解釋，那就選最簡單直接的那個」，不過哲學家幫這個主張取了個聽起來較酷的名字。

現在試著把它應用在職場上。請看下面兩種框架，想想如果用「奧坎剃刀」來思考，該選擇哪一種。民眾之所以不買我們的產品，是因為……

「選簡單的那個」只是一項準則，而不是需要死守的鐵律。因為有些問題確實需要複雜、多管齊下的方式才能有效解決。但正如笛夏德寫到他在治療方面的經驗：「不管情況有多糟糕、多複雜，只要一個人的行為出現小小不同，就會讓所有相關人士的行為

產生深遠改變。」

尋找「如果是真的就太不得了」的框架

最後，測試自己根本不相信的框架，有時也很十分合理。

就本質而言，「重組問題框架」就是要挑戰你對問題的假設和信念。有時光是聽到某個全新、意外的觀點，就已經足以讓你重新反省自己過去相信的事。然而更多時候的情況是，在碰到某個極為強大的框架時，就會直覺性的立即加以否定。因此當你嘗試重組問題框架時，**請務必謹慎小心，不要盲目相信直覺。**

有些人可能會覺得不可思議。畢竟管理顧問這行常會強調「相信自己的直覺」，我們傾向相信自己當下對某件事的感受，而不會去質疑這些感受是怎麼來的。然而所謂的「直覺」，其實是大腦潛意識對過去成功經驗所做出的摘要判斷；而所謂的「創意」，則

是要超越過去經驗、至少打破一兩個假設。直覺是由過去而生，因此它未必總能給你很好的建議。

這意味著，就算某個框架完全不符合你的直覺，在放棄前也該先問問：「如果這是真的，成效會不會十分可觀？」像這樣的框架，即使你覺得成真的機會不高，如果測試不用耗費太多資源，仍然值得研究看看。

家庭補助計劃

巴西前總統魯拉（Lula da Silva）近年因為被判貪腐罪而名聲掃地，然而他在任時曾經推出成功的「家庭補助計劃」（Bolsa Familia）濟弱扶貧，而深受國際社會讚許。

正如迪波曼（Jonathan Tepperman）的《國家為什麼會成功》（The Fix）所言，巴西過去是為清寒家庭提供各種服務，但魯拉的計劃轉為直接提供金錢，讓貧困者自行換取所需的物品及服務。

這種方法更簡單、更便宜（研究估計比傳統提供服務的方式便宜30％）。但在當時，國內外專家都堅決反對這種直接給錢的方法，他們認為貧困者會把錢浪費在種種惡習與非必需品上。然而，出身貧困的魯拉很清楚這些偏見並不正確：那些窮人、特別是窮困的媽媽們，用起錢來多半是精打細算。透過家庭補助計劃與其他方案，讓巴西的極端貧困人口降低一半，3,600萬民眾脫離極度貧困行列，也為其他想解決收入不平等問題的國家提供亮點。

而最讓我感到震撼的問題是：先前的執政者會不會有人雖然直覺反對、但也曾想到這個主意？如果根據我們這裡的原則，他們或許就會說：「我並不認為窮人能好好判斷該怎麼花錢。但我知道，自己這項假設還是有極小的可能出錯；而如果我真的錯了，這整件事就可能帶來莫大的好處，因為比起提供各種貨品和服務，直接轉帳實在有效率多

了。既然這樣，為什麼我們不做個小小的實驗，看看我到底是對或錯？」

試著找出更多問題框架

不管你用了哪種選擇策略，都請注意我們並不是要「選出最後的框架」。與我合作過的一些團隊，會先選出一項主要問題框架，接著再指定某些成員，去找出第二或第三項框架。除非你已經下定決心需要立刻解決問題，否則通常都值得同時再找找看有沒有別的可能。就算這次失敗，所花的心力有時候也會在未來證明並非白費。至少有時候就可以告訴某個股東：「這種觀點我們已經試過了，並沒有用。」

2. 找出問題的未知原因

假設你面對一個問題，經過初步分析

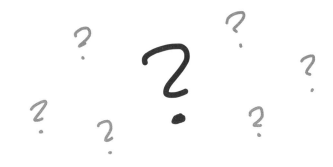

（包括嘗試重組問題框架），還是找不出問題成因。接下來該怎麼辦？

前面已經在第 6 章〈檢視亮點〉談過其中一種方法，也就是「將問題公告周知」。這裡還要再分享兩種找出問題隱藏成因的方式：「『發現導向』的對話」，以及「學習型實驗」。

如何「發現導向」的對話

有時候，如果能找到對的人，只要簡單聊一下就能找出原因；但前提是要能聽出隱藏在話語背後的真意。

幾年前，拉馬丹（Mark Ramadan）和諾頓（Scott Norton）這兩位創業家推出調味料品牌「肯辛頓爵士」（Sir Kensington's），產品包括番茄醬、黃芥末醬和美乃滋。他們希望推出更美味、健康的全天然調味料系列，提供市面產品以外的其他選擇。

時間經過兩年，他們的產品銷售長紅、需求也不斷增加。但不知道為什麼，番茄醬的銷售表現就是差了一截。問題不在於風味：顧客都說他們很喜歡，但他們就是買得沒有說得多。

拉馬丹和諾頓覺得可能是和罐子的形狀有關。公司成立的時候，他們選擇給所有產品都使用方形玻璃罐，營造一種高檔品牌的感覺：使用者拿到的不是個塑膠材質的擠壓瓶，而是像昂貴黃芥末醬會用的厚實玻璃罐。如果看其他產品的銷售情況，會覺得這項策略整體來說並不差，但唯獨番茄醬這項產品未能奏效。

拉馬丹和諾頓爭論著，是不是該換掉番茄醬的罐子，改用更傳統的形狀。這項決定可不是小事。改了瓶子，會影響整條供應鏈，也讓營運變得更複雜。如果這是個錯誤的決定，得花上一年才能再回到原點。他們希望能確保自己做出正確決定，這也就意味著必須先搞清楚番茄醬的銷售到底出了什麼問題。

讓我們暫停一下，想想看一家大公司在這時會怎麼做。行銷主管可能會想進行市調，或是做做焦點團體訪談。公司也可能掏出幾十萬美元進行深度的人誌學研究，由專業研究人員追蹤消費者的購物過程、甚至一路跟到家裡做觀察。

這些方法應該都能得到一些有用的結論，許多大公司的確是這樣成功推動公司成長。然而，對才剛創業不久的拉馬丹和諾頓而言，上述方法實在太花錢，他們所能做的，只有去找那些實際使用過產品的顧客、投資人和

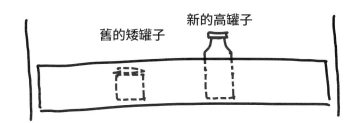

朋友聊一聊。他們的一位投資人無意間說出一個重要線索：「我嚐了你們寄來的試吃品，真的很喜歡。現在都還在我冰箱裡。」

這句話讓拉馬丹和諾頓心中警鈴大作。這位投資人幾個月前就收到那罐番茄醬；如果他真的很喜歡，為什麼現在在冰箱還會有剩？不是早該吃完了嗎？

事實證明，答案在於民眾存放番茄醬的一個小習慣。拉馬丹發現，民眾多半會把黃芥末和美乃滋放在冷藏室的主要層架上，每次一打開冰箱都會看到。然而，番茄醬卻通常是放在冰箱門的架子上。架子護欄是透明的還沒關係，但如果是不透明的，肯辛頓爵士的方形番茄醬罐就會從顧客視線中消失。正如拉馬丹所說：「如果看不到罐子，自然不會常常把罐子拿出來使用。」

抓到這個冰箱問題之後，讓拉馬丹和諾頓信心十足，決定給番茄醬換了一個更高的罐子。新罐一上市，銷售速度就大增50%。

這個故事告訴我們，有時簡單對話也能透露重要線索，但你得要能仔細聽出其中端倪。聽到投資人說當初那罐番茄醬還在冰箱裡，一般人可能聽不出來這有什麼重要。但拉馬丹和諾頓卻馬上意識到自己在找問題的線索，於是聽出這是問題的關鍵所在。

要怎樣才能做到這點？「聆聽」和「提問」是管理科學等領域廣泛研究的議題，本書並沒有打算提出完整的摘要，但以下列出三項已普遍達成共識的建議*：

---

* 如果讀者還想多多學習如何成為更懂聆聽的人，覺得自己可以從中受益，我在附錄的「提問」段落也還有一些建議。

調整為學習心態（也就是「閉嘴乖乖聽就好」）。管理學學者夏恩（Edgar Schein）在《MIT最打動人心的溝通課》（*Humble Inquiry*）指出，我們在與人對話時，往往滿腦子只有自己想講的東西。此時需要調整的關鍵方法，是在開始對話之前，提醒自己：之所以要和另一個人接觸，是為了聆聽、為了學習。

順便提一點：在團體中進行重組問題框架的時候，可以試著注意自己說話與聆聽的比例。如果有五分鐘可以討論問題，有些人會把其中四分鐘拿來自己講，於是其他人就沒什麼機會提出意見。如果你也常常是個講很多話的人，可以試著增加聆聽的比例。

創造一個安全的空間。正如艾蒙森教授（Amy Edmondson）提出的心理安全感（psychological safety）研究所指出，如果人們擔心會引發互相指責、又或是因為各種原因覺得無法暢所欲言，學習型對話（learning conversation）的效率就沒那麼高。請設法降低對話帶來的風險，又或者可以讓第三方來做訪談。

吃得苦中苦。我們在第7章〈照照鏡子〉討論過，如果想獲得有用的見解，得做好心理準備，可能會發現令人痛苦的事實。正如麻省理工學院教授葛瑞格森等人指出，許多重要商業人物都認為，自己的成功有部分原因在於能讓自己處於不舒適的狀態。（這點也會反映在如何選擇談話對象：你要聽意見回饋的時候，是不是只會去找那些會講好話的人？）

安排一場學習型實驗

如果光是對話還無法找出關於問題的線索，也可以安排一場小型的學習型實驗。簡單說來，學習型實驗指的是刻意以不同以往的方式來做事，看看能不能造成一點改變，讓人學到一些新知。

謹恩（Jeremiah "Miah" Zinn）曾經任職於熱門的「尼克兒童頻道」（Nickelodeon，不朽的文化象徵「海綿寶寶」就是在這個頻道播出），負責領導產品開發團隊。當時團隊剛剛推出一個超讚的新應用程式，以7到12歲的兒童為主要客群。團隊曾進行測試，發現兒童很喜歡這個應用程式，而且有許多人確實完成下載。但接著問題就來了。謹恩說：「使用應用程式前必須完成註冊流程，其中包括要登入家裡的有線電視服務。在這一步，幾乎所有孩子都決定放棄。」

由於註冊這一步怎樣都無法跳過，所以謹恩團隊唯一能做的，就是得找出怎樣才能引導兒童完成這個流程、提高註冊率。而且他們動作得快：問題每拖過一天，都會讓他們流失許多使用者。在這樣的壓力下，他們選擇一種自己再熟悉不過的辦法：易用性測試（usability testing）。

謹恩說：「我們安排了幾百項的A/B測試（A/B test），嘗試不同的註冊流程，也測試說明文字的各種新寫法。像是用美國中西部12歲的孩子來做測試：如果我們調整步驟先後，他們會不會有更好的反應？」

這個團隊會想依賴A/B測試，其實也有很好的理由。易用性測試原本沒沒無聞，但是到了1980年代晚期，諾曼（Donald A. Norman）出版的經典著作《設計的心理學》（*The Design of Everyday Things*）讓易用性測試一炮而紅，頓時成為科技公司常用的強大工具。例如一家大型科技公司曾測試超過40種藍色陰影，希望為自己的搜尋頁面找到最完美的顏色。

但正如謹恩所言：「問題是，我們怎麼測試都沒有多大效果。就算是表現最好的方式，也只能讓註冊率提高幾個百分點。」

為了擺脫困境，謹恩決定嘗試一個新辦法：

我們原本一直著重在蒐集大量的資料、注意大型的團體，像是看看有多少比例的人會在這裡滑一下、那裡點一下。但我們並沒有取得任何進展。所以我想：與其研究遠方的一大堆孩子，何不直接請幾位孩子和家長一起到辦公室來，我們就坐在旁邊，看看他們在註冊時到底遇上什麼問題？

這是一個關鍵性的決定。和孩子互動後，謹恩發現原來問題根本不在易用性。這些孩子不管在理解說明或完成註冊程序上，全都沒有問題。（在現代這個社會，多數10歲孩子都已經知道怎麼在五分鐘內打開保險箱了。）

真正的問題是個**情緒問題**：註冊程序需要孩子去問爸媽家裡的有線電視密碼，而孩子擔心這麼做會給自己找麻煩。對一個10歲的孩子來說，「需要密碼」就代表著「禁止進入」。

謹恩團隊立刻拋下改善註冊流程的工作，轉而製作一支向孩子解釋的短片，告訴他們問爸媽密碼絕對不會有問題。「各位小蚱蜢別擔心！問這個密碼不會害你被罵！」結果呢？應用程式註冊率立刻翻了十倍。從那天起，謹恩就要求在產品開發過程裡，除了A/B測試之外，也要加上一些使用者的真人測試。

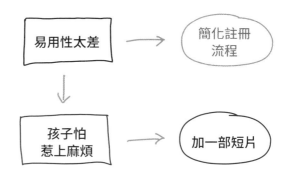

測試 vs. 學習型實驗。謹恩的案例點出了「測試」和「實驗」的不同。他們剛開始處理問題時，並不是一心只想著問題分析，而是測試真實使用者在即時情況下，對幾

百種不同註冊流程的反應如何。如果你當時走進他們的辦公室，高呼：「各位，我們應該做些實驗來找出答案」，他們會覺得你是不是腦袋不正常：「我們不是就在做實驗了嗎？」

但問題在於，他們測試的都是錯的問題。直到謹恩決定嘗試不同方向，團隊才終於找到前進的辦法。當時，謹恩終於選擇退後一步，不再堅持繼續做「如果把按鈕改得再藍一點點會怎樣？」之類的易用性測試，而是問：「我們還能做什麼，讓我們能更了解這個問題？有什麼因素是我們還沒注意到的？」

這正是學習型實驗的精髓：陷入困境的時候，與其堅持當下的行為模式，何不試著想出其他實驗，協助你用新的觀點來看整個情況？

3. 如何克服孤島思維

多數人都同意孤島思維並不好，關於創新和問題解決的研究也支持這種想法。要解決複雜問題的時候，成員組成比較多元的團隊，表現也會優於組成較單一的團隊。特別是在重組問題框架的時候，如果能取得外部人士對自己問題的觀點，會是找出新框架的有力捷徑。

但實際上，我們會請外部人士參與的情況，遠遠少於應有的程度。我們可能理論上同意這種做法，然而一旦有人真的考慮這麼做時，卻會說：

- 外部人士不了解我們的業務，光解釋就得花很久，我們沒那個時間。

- 我自己就是這個領域的專家，還找些外行人來幹嘛？
- 我以前就試著找這些外部人士啊，但效果不好，他們提出的想法都沒有用。

從這些反應可以看出一些重要的事：讓外部人士參與時，有成功的做法、也有失敗的做法。如果想知道成功的做法是怎樣，請看下面這位領導者怎麼做，我們就稱他為格蘭傑（Marc Granger）吧。

格蘭傑在收購一家歐洲小公司後不久，發現自己遇上一個問題：

我們的員工不懂創新。

為了處理這個問題，管理團隊打造一套創新培訓計劃，覺得會有幫助。但等到要討論如何實行這套培訓計劃的時候，格蘭傑的特別助理夏綠蒂卻跳出來阻止他們。

夏綠蒂說：「我在這裡工作 12 年，曾經看過三個管理團隊試圖推出什麼新的創新框架，但全都以失敗收場。現在又要拿一堆聽起來很潮的詞再搞一次，我不覺得員工反應會有多好。」

夏綠蒂出席這場會議並非偶然，是格蘭傑親自邀請她與會。格蘭傑說：「我接手這家公司大約才半年，而我知道，夏綠蒂對這家公司過去的運作情況瞭若指掌。如果員工遇上問題、又不想直接去找主管的時候，會找的就是她這種人。我覺得她可以幫助我們跳出自己的觀點。」

一點沒錯。團隊很快就意識到，自己在真正了解問題之前，就對「培訓計劃」這個解決方案過於著迷。等到開始問問題之後，才發現自己最初預設的問題診斷根本大錯特錯。格蘭傑說：「很多員工早就知道該怎麼創新，問題其實出在對公司的忠誠度不足，只想完成分內工作，懶得額外多花心力。」所以，管理團隊原本以為這是個技能問題，

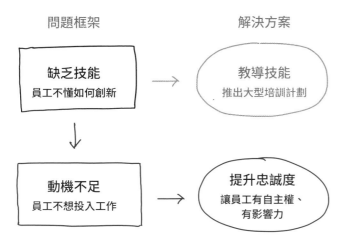

問題框架　　　　　　　　　　解決方案

缺乏技能
員工不懂如何創新 → 教導技能
推出大型培訓計劃

動機不足
員工不想投入工作 → 提升忠誠度
讓員工有自主權、
有影響力

但其實是個動機問題。

　　於是，格蘭傑團隊取消培訓計劃，改為推出一系列增加員工忠誠度的措施：彈性工時、提升工作透明度、讓員工積極參與領導階層的決策過程。格蘭傑說：「想讓員工真正關心公司，首先得讓員工知道公司關心他們、願意信任他們。」

　　經過18個月，員工的職場滿意度直接翻倍，離職率（這是企業一大成本因素）大幅下降。隨著員工在工作上投入更多精力、推出更多措施，公司的業績也顯著改善。四年後，該公司甚至贏得該國「最佳就業環境」獎項。

　　要是格蘭傑沒有邀請夏綠蒂一起開會，管理團隊應該還是會推出培訓計劃，最後落得與過去三個管理團隊同樣的下場。

　　過去有太多試圖引進外部人士但以失敗作結的案例，然而格蘭傑卻能取得成功，兩者究竟有何不同？我們可以說，最大不同在於格蘭傑找來的是**哪種**外部人士。

找出「跨界人士」

　　在這個案例裡，夏綠蒂與團隊本來就有關係，這點十分重要。然而，這又會與傳統上認為的「外部人士」定義有所衝突。過去談到這樣的成功案例，講的多半是什麼棘手的問題被完全無關的人成功解決：「所有的核子物理學家都束手無策，但**最後是個摺動物氣球的藝人解決這個問題！**」

像這樣的故事令人難忘，得出的結論也確實有研究支持。但太常聽到這樣的故事，也就讓人以為永遠都得找那些「完全不相關、必須與自己完全不相同的外部人士」。但有兩個問題，讓這種方法不適合用來解決日常問題：

1. **很難請到這種人幫忙**：想找到絕對的外部人士幫忙，十分花時間、花精力；舉例來說，誰知道要怎麼在這麼短的時間內找來摺動物氣球的藝人幫忙？於是對很多人來說，除非遇上最棘手的問題，否則就會放棄走這條路。

2. **溝通很耗心力**：為了得到最後的好處，工作團隊還得先跨越嚴重的文化與溝通落差，才能讓這些絕對的外部人士了解問題本身。

相較之下，夏綠蒂並不是什麼絕對的外部人士，而是管理界學者塔辛曼（Michael Tushman）所提出的「跨界人士」（boundary spanner）：這種人了解你的領域，但又不完全屬於你的領域。塔辛曼認為，跨界者之所以能發揮作用，正是因為同時具有內部與外部的觀點。夏綠蒂與管理團隊已經有足夠的差異，能夠挑戰他們的思維。但與此同時，她與管理團隊的關係也近到足以了解團隊在意的優先順序，能和團隊用同一套語言溝通；而且最重要的，她可以一接到通知就立刻加入。

想徵求外部人士的意見，一直都需要在緊急程度和所需心力之間達到平衡。如果是極其重大、攸關全公司的問題，又或是你確實需要有全新的思維觀點，就該投入大量心力，找來一支真正多元化的團隊參與。但也有很多時候並沒有這種餘裕，這時就可以想想看還能怎麼做，能讓你在面對問題時得到多多少少還算是來自外部的觀點。

不是請對方提出答案，而是提出意見

你可能已經注意到，夏綠蒂並沒有試著要給管理團隊提出解決方案。她只是提出自己的想法，而這就**幫助了管理團隊自行**重新思考問題。

這也正是典型的模式。從定義來看，外部人士本來就不是這種情況的專家，所以很少能夠真正直接解決問題。但那也不是他們該做的，外部人士的參與，只是要為面對問題的人帶來刺激、讓他們有不同的思考角度。也就是說，在引進外部人士的時候：

- **要向他們說明為什麼想邀請他們**：如果所有人都知道，外部人士是來幫忙挑戰假設、避免盲點，過程就會更順利。
- **要負責處理問題的人必須準備好傾聽**：告訴負責處理問題的人，該聽的是外部人士有什麼新的觀點想法，而不是以為會聽到解決方案。
- **特別強調請外部人士挑戰原本團隊的思**維：要清楚指出，他們並不一定要提出解決方案。

讓外部人士參與的另一個好處，在於這會讓負責處理問題的人必須用不同的方法來解釋自己的問題。有時，光是必須用比較不專業的詞彙來重述問題，就已經能讓專家對問題有不同的想法。

三項現實挑戰

重組問題框架的時候，有三種常見的相關問題。以下分別建議該如何解決：

1. 如何判斷該處理哪個框架

在重組問題框架的過程中，有時候會出現許多可能的問題框架。如果想挑出其中比

較值得注意的框架，可以多多注意是否有以下特徵：

- 「**令人意外**」：令人意外的思考框架特別值得研究；所謂的意外，就是挑戰過去的某種心智模型。

- 「**簡單**」：簡單的思考框架特別值得重

視；對於大多數的日常問題來說，好的解決方案通常都不會太複雜。「奧坎剃刀」也告訴我們：簡單的答案通常就是對的答案。

- **「是真的就太不得了了」**：另一種值得考慮的思考框架，就是雖然你直覺認為不太可能，但如果真的如此，就會有很大的效用。這裡可以回想一下巴西家庭補助計劃的例子。

別忘了，我們並不一定要減到只剩下一種框架。有時候，我們可以同時研究兩三個框架的發展可能。

2. 如何找出問題的未知原因

如果你還不知道問題的起因，應對方法之一就是將問題公告周知（第6章已有介紹）。但另外還有兩種應對方式：

- **使用「發現導向的對話」**：調味料品牌「肯辛頓爵士」的兩位創辦人，就是透過在對話過程中專注於傾聽和學習，就解決了番茄醬銷售不佳的謎團。如果你想更深入了解，還可以找誰談談？
- **安排一場學習型的實驗**：「尼克兒童頻道」的謹恩解決註冊率不佳問題的辦法，不是靠著A/B測試，而是邀請幾個小孩到辦公室。你能不能有樣學樣，嘗試使用某種新的作法，為新的見解敞開大門？

3. 如何克服孤島思維

在格蘭傑的案例裡，夏綠蒂的加入以

及她願意挑戰管理團隊的想法，都是成功的關鍵。如果想得到外部人士的力量，請這麼做：

- **邀請跨界人士加入**：邀請完全無關的外部人士雖然可能成效驚人，但這種作法未必總是可行。幸運的是，我們並不一定要做到那種程度，就已經能夠帶來顯著的成效。不妨邀請像夏綠蒂這樣的「跨界人士」加入，既能大大節省精力，而且好處也幾乎不打折。

- **不是請對方提供答案，而是提出意見**：外部人士加入的目的，不在於提供解決方案，而是要提出問題、挑戰現有團隊的思想。在開始進行討論時，就要向所有人提醒這一點。

第 **11** 章

有人抗拒改變框架，該怎麼辦？

抗拒與否定

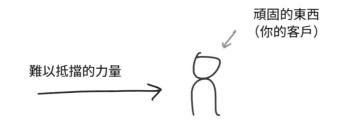

頑固的東西
（你的客戶）

難以抵擋的力量

假設你得幫別人解決他們的問題。這時如果你和對方之間存在信任，可說是再幸運不過：客戶認為你值得信賴、同事尊重你的專業知識、朋友知道你是為他們好，這都會讓你在挑戰對方對問題的理解時更為容易。

但很遺憾的是，情況並不總是如此。更常見的狀況是：

• 客戶或許相信你在專業上的能力，但對你在其他領域的能力有所懷疑：「他是個很出色的設計師，但哪懂策略？」

• 客戶可能會擔心利益衝突：「她只是想給自己找更多生意！當顧問的都這樣！」

• 關於你的角色，客戶跟你的看法可能不一致：「你就是個供應商，是來給我們提供解決方案的。」

• 而同事之間的地位差異，也可能會讓事情的發展更為複雜：「這個新來的是誰？竟敢懷疑我的權威？」

• 當然，客戶也可能根本不承認有問題：「我明明就很懂聆聽，你不要亂說。」

這一切都會讓你更難改變問題框架。本章會提出一些應對方法，讓你知道怎麼處理以下兩種常見的客戶抗拒形式：

- **抗拒重組問題框架**：如果客戶看不到改變框架的必要，就會抗拒開始這個過程。
- **否定重組問題框架的結果**：就算客戶已經願意重組問題框架，還是有可能不接受你最後得出的結論。

為了表達方便，以下講到面對問題的人，多半稱為「客戶」，但這些建議同樣適用於朋友、上司、業務夥伴等等，甚至如果你們是個團隊，也可能指的是你的隊員。

面對「抗拒重組框架」的客戶

如果整個流程掌握在別人手上，如何確

保能夠重組問題框架呢？以下有幾點建議。

提出經過精心設計、看起來正式的架構

講到要重組問題框架，我通常會建議用一種非正式、隨時可以因應情勢調整的方式來進行。但如果把進行方式以正式架構表達出來，能產生一項顯著優勢：有助於在客戶心中建立正當合理性。

很多設計公司都很懂這一套。看看他們的網站，通常都有設計得非常專業的流程圖，解釋該公司背後整套的設計方法。如果讓客戶看到結構井然、看來十分專業的架構，他們通常就更願意相信確實值得對問題做更深入的研究。

這時「重組問題框架表」就可以派上用場。如果你常有解決問題的需求，也可以考慮針對自己比較常遇到的問題類型，量身打造出自己的一套架構。（請記得，展示給客戶之前，請先讓設計師好好潤色一下，這會

是筆相當值得的投資。）

提前教育客戶

如果你覺得對方可能對重組問題框架抱著懷疑，可以給他這本書、或是我在《哈佛商業評論》發表的文章〈你找對問題了嗎？〉（又或是其他任何關於重組問題框架的書籍或文章，你喜歡的都行）。就算對方根本沒有真正閱讀你提供的資料，光是「發送相關資料」也可以讓人覺得似乎真的有必要進行這件事。

告訴對方「電梯太慢」的故事

電梯太慢 → 加快電梯速度
升級馬達
改善演算法
安裝新電梯

如果無法提前教育客戶，可以找機會跟他說說「電梯太慢」的故事。這個故事很好

記，說起來也不用花太久時間，而且往往已經足以讓客戶了解「重組問題框架」的價值。

告訴對方其他客戶的故事

有些客戶不管你提出建議的方式有多委婉，都會氣得火冒三丈。這時可以談些其他公司或其他人的故事，讓客戶從這些故事來重新理解自己所面對的情況。

著名的創新專家克里斯汀生 * 遇上英特爾執行長葛洛夫（Andy Grove）時，用的就是這種方法。克里斯汀生知道這些執行長並不喜歡別人對他們指手畫腳，所以在葛洛夫問他有何意見時，他並不是直接給出建議，

---

* 克里斯汀生被眾人公認為管理領域的重要思想家之一。他創建典範性的「顛覆性創新」（disruptive innovation）理論，並其他人共同提出「用途理論」（jobs-to-be-done），讓許多人得以進一步理解客戶需求，並協助客戶重組問題框架。

而是說：「這樣啊？那我來談談我在其他產業看到的情形……」講了幾個故事後，克里斯汀生成功的讓葛洛夫了解自己想傳達的論點，效果絕對比直接提出建議更佳。這套方法也適用於對方不願意接受問題診斷內容的情況。）

根據對方的重點來思考需求

哥倫比亞大學心理學教授希金斯（E. Tory Higgins）的研究提到，每個人評估新概念的方式有所不同。有些人著重的是「進取」（promotion focus）：如果能增加收穫，他們就會充滿動力。也有些人著重的是「防禦」（prevention focus）：他們希望能夠避免失敗與損失。

知道這點，將能幫助你評估如何向客戶提出「重組問題框架」需求。根據你與對方相處的經驗，可以判斷該走下面哪一條路：

- 著重「進取」：「如果我們想稱霸這個市場，就不能只跟對手做一樣的事。還記不記得，蘋果因為把注意力集中在軟體而非硬體，就一躍而起，成為全球最大手機廠商？我們可不可以重新思考我們要解決的問題，達到類似的效果？」
- 著重「防禦」：「我擔心我們現在可能抓錯了問題。還記不記得，諾基亞（Nokia）一直專注在打造更好的手機硬體，但真正的關鍵其實是軟體？我們會不會正犯下類似的錯誤？」

管理過程中的情緒

客戶可能會說自己沒時間重組問題框架，但通常真正的問題是在於情緒、而非時間。要處理這種情況，需要先了解心理學所謂的「迴避結論」（closure avoidance），這個

光譜的兩種極端分別是：

- **結論迴避者（closure-avoidant）**：這種人不喜歡及早開始行動，就算只是一小步也不行。「我覺得這實在太貿然了。在開始採取行動之前，應該要先蒐集更多資料才行。」如果無法有效協助他們走出這種情緒狀態，將很容易讓解決問題過程拖得太久。

- **結論追求者（closure-seeking）**：這種人完全無法忍受腦子裡出現超過一個以上的問題框架。「到底為什麼我們還在光說不做？不是已經有個看起來很合適的解釋了嗎？趕快開始吧！」他們不喜歡模糊、不喜歡反思，因而常會過早開始進行眼前的那個解決方案。

不論你是和哪一種人合作，他們的情緒都可能對「重組問題框架」造成阻礙。若能向客戶解釋「重組問題框架」是一個持續變化、不斷循環的歷程，它的設計如何兼顧思考與行動間的平衡，應該能讓情況有所改善。「重組問題框架」流程的設計，一方面能確保不會因為那些急於行動者而跳過必要的提問步驟；另一方面，也能確保探索歷程被控制在一個可管理的時間週期之內，並持續往解決問題的方向前進，將分析癱瘓的風險降到最低。

儘管如此，客戶仍然可能覺得問題解決的過程叫人沮喪。我總會告訴他們：在問題解決的過程中必然會感到沮喪，無須刻意壓抑這種心情。我們寧可現在覺得沮喪，也好過半年之後才發現自己跑錯方向（結論追求者），或者幾乎毫無作為（結論迴避者）。

上述策略都是以說服的方式，促使客戶願意花時間重組問題框架。如果執行後仍難以成功說服客戶，那麼我們還有其他更巧妙的辦法。

引入外部人士

有些時候，想要順利重組問題框架，祕訣不在於掌握過程，而在於掌握參與者名單。你能不能讓某個人加入開會，而讓他的觀點協助客戶從不同角度切入問題？（可參見第10章關於孤島思維的部分。）

提前蒐集問題陳述

團隊工作的時候，提前蒐集大夥的問題定義會是件好事。可以寄送電子郵件給團隊的每位成員，內容像是「嗨，約翰！我們下週要討論員工參與度問題。你能不能簡單寫個幾句告訴我，你覺得問題出在哪？」

得到問題陳述後，可以印成紙本在開會時發送（為促進討論，也可以考慮以匿名方

式呈現）。這是一個能夠有效開啟討論的策略，因為成員將清楚意識到彼此對問題的看法有所不同。

之後再重組問題框架

「重組問題框架」是一個循環的過程。如果你用盡一切努力，還是無法讓客戶在事前先去了解問題，可以繼續蒐集更多資訊，待時機成熟時重新再試一次。

面對「不願意接受結論」的客戶

在「重組問題框架」的過程中，我注意到一個有趣的現象：我們總是特別喜愛那些「無法做出任何改變」的問題框架。例如當你認為問題出在另一半的性格無法改變、公司規避風險的文化、世界經濟狀況不佳、物理定律無法違逆……那麼似乎很難做些什

麼。這種「無能為力」，事實上就是種既安穩又舒適的狀態。

有時更可行的框架明明顯而易見、甚至是近在眼前（至少就旁觀者而言是如此），那麼為何你仍會堅持拒絕那些顯然正確的問題診斷？原因如下：

- **這種框架方式逼著你面對某些不愉快的事實**：許多19世紀的醫師都不願意承認洗手的重要性：因為如果承認世界上一直存在著帶有疾病的細菌，那麼醫師就得承認自己過去可能在無意間導致許多病患死亡。
- **這種框架方式會指向你希望避而不用的解決方案**：例如有酗酒問題的人往往會拒絕診斷，以避免治療。
- **這種框架方式會與目前的獎勵機制有所牴觸**：政治人物可能會基於選民的利益（或者更可能是基於金主的利益），而在有意或無意間偏好特定問題框架。作家辛克萊（Upton Sinclair）說得好：「如果某個人得靠著不懂某件事才能領到薪水，那就很難讓他懂這件事了！」

這些問題無法都靠著「重組問題框架」來解決，但至少可以把一切攤在陽光下。而且，多數時候你確實有些能做的事。以下建議就是要談談，如果客戶否定你的結論、拒絕你的診斷，這時你能做些什麼。

先問問自己：我會不會搞錯了？

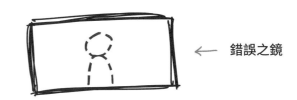

← 錯誤之鏡

擔任顧問的時候，很容易覺得自己是對的、客戶是錯的：「他們會有所抗拒，只是因為他們太蠢！」我們都喜歡這種充滿自信

的感覺，但研究顯示，即便我們感覺自己百分之百確定時，仍有犯錯的可能。

在你開始採取各種手段克服客戶的抗拒之前，先花一秒鐘問問自己：我會不會搞錯了？有時候，客戶之所以會有所抗拒，可能代表他們隱約感受到某個嚴重問題，只是還無法明確化為文字說出來。

接著，針對你自己的問題，重組問題框架

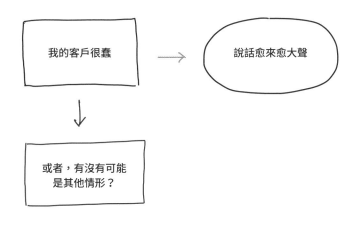

假設經過了第一步之後，你仍然相信自己原先的診斷是對的。在進入解決方案模式之前，還是請想一下，你真的了解客戶為何抗拒嗎？客戶真的是在無理取鬧嗎？還是可能有其他情形？以下舉出一些例子，告訴你如何改變對這種問題的框架：

跳出框架。 整個情境中有沒有什麼是你沒注意到的因素？回想一下第 8 章的雅蔻博，那位客戶之所以不願意接受她的建議，不是因為客戶不講理，而是因為如果那支 YouTube 影片沒有「瘋傳」，客戶就拿不到獎勵。

重新思考目標。 你真的需要得到利害關係人的許可嗎？有沒有辦法在無須說服他們的情況下，達成你（或他們）的目標？有些情況下，相較於解決問題，維持人際關係可能更重要。

照照鏡子。 有時候是因為你正在做的某些行為，而讓客戶決定抗拒「重組問題框

架」。有可能你並沒有真的把你對客戶的輕蔑掩飾得那麼好，又或者你忽略了對方的某個關鍵考量，所以你還得花上更多時間好好了解客戶。這件事永遠都是重點：遇到問題的時候，別忘了問問自己可能在其中扮演的角色。

讓資料說話

與其自己說破嘴，你能不能找出某些適合的資料數據，用資料來說服客戶？請回想一下前面丹瑪的例子，就是靠著員工訪談的結果，向客戶證明新軟體的使用率不高並非因為易用性不佳，而是因為獎勵制度有問題。

巧的是，丹瑪也跟我說了一個資料能多麼有用的經典小故事：在大家還會用磁碟片的時代，有個團隊製造了一台新電腦，電腦的排氣口看來就像是軟碟機的插槽。當時有位顧問提醒他們，使用者可能會把排氣口

誤認為軟碟機插槽，但工程師團隊一心認為使用者怎麼可能那麼蠢。於是，那位顧問就去收集一些資料：他把該公司執行長試用產品原型的情況錄影起來，再把影片帶回去放給工程師團隊看，讓他們親眼目睹自己的執行長試著把磁碟片塞進排氣口。

擁抱對方的邏輯，再找出突破點

有時客戶之所以抗拒你的觀點，是因為他們內心堅信某種其他框架。這種時候，請先擁抱對方的邏輯，再找出其中是否有什麼不合理的地方。

笛夏德（前面提過那位提倡短期治療的心理治療師）就說過一個令人印象深刻的例子。他的一位患者是退伍軍人，過去曾在中情局工作。這位患者婚姻美滿、也生了兩個孩子，但最近卻變得愈來愈疑神疑鬼，覺得中情局想暗殺他。他在六週內出了兩次追撞車禍，而他認為這絕非偶然，而是有人蓄意

想取他性命。他甚至把家裡的電視給拆了，認為一定有人偷裝監聽麥克風。而他太太最無法忍受的一點，在於他開始會在半夜拿著子彈上膛的槍，在自家四處巡邏。

笛夏德很清楚，光是告訴這位患者中情局根本沒想殺他並沒用。他太太已經跟他說了一年半，但一點效果也沒有。於是笛夏德用了另一套辦法：

> ……第一步就是暫時先把（客戶的）信念當真：表現得好像中情局真要對他不利一樣。接著，思考一下他說的這套中情局陰謀在細節上有什麼問題。最明顯的一個細節問題，就是前面兩次暗殺他的行動都以失敗告終，這怎麼可能？如果中情局真想幹掉某個人，絕不會失手。所以問題是：中情局為什麼要派出這麼肉腳的殺手？

請注意，笛夏德沒有把兩次失敗的「暗殺」拿來當作指責的武器：「這麼明顯，你就搞錯了嘛！」而只是指出問題：「他們到現在還沒能殺了你，不是很奇怪嗎？畢竟你以前也待過中情局，如果他們想殺掉某個人，那個人早就該丟掉小命了，不是嗎？」他請這位患者在下次回診之前先再想想，接著就先去談別的主題了。靠著這樣的處置、再加上其他一些介入措施，最後笛夏德成功治癒這位患者的妄想症。

笛夏德認為，重點在於不要直接否定當下的問題框架，而是要帶入一些對這個框架的懷疑，再讓客戶自己推出自然而然的正確結論。

準備兩套解決方案

有時候，客戶就是希望得到自己想要的解決方案。這時，可以考慮既提出對方想要的解決方案、同時也提出你認為最佳的解決方案。這種做法的風險較高，通常是第二套解決方案不需花費太多時間精力去準備的時候才可行。

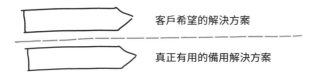

客戶希望的解決方案

真正有用的備用解決方案

不論成本多少，採用這種方式的時候都請格外小心。千萬別忘了，就算客戶表達問題的能力不好，他們確實比你懂得他們遇到的問題。

讓客戶失敗一次

如果就是無法用道理來說服客戶，就讓他們失敗一次。這可以讓他們快速學到慘痛的一課，讓未來合作更順利。下個例子來自一位成功的串流媒體服務公司聯合創辦人，我們就稱他為安東尼吧。

當時，安東尼的公司發展到一定規模，打算拓展到幾個新的國家。安東尼和另一位聯合創辦人賈斯汀從一些新投資人那裡取得資金，以為這些新投資人應該是單純出錢、但不管事。但在他們準備在下一個市場推出服務的時候，這幾位投資人開始插手參與決策與產品規劃。安東尼告訴我：

經驗告訴我們，要把服務推廣到新國家的時候，不能只是原封不動的照搬過去，而必須根據當地影音內容與消費偏好做出調整。為此，我們需要有預算聘請當地專家提供協助，也需要有足夠的時間進行測試和品管。

然而我們那些投資人就是聽不進去，他們覺得這樣進度太慢、沒有必要，堅持要求

立刻啟動服務。這些人在其他企業十分成功，也都非常能幹，所以對我們也是一副「你們動作太慢，讓我們來好好教教你們」的態度。

安東尼知道投資人的決定是錯的，但他也體認到若要在這個議題上爭輸贏，可能危及雙方的關係。更重要的是，如果用安東尼的方法來做，就無法證明那幾位投資人錯了。於是，安東尼故意讓這些人去試一試。

在這個國家推出服務這件事並不是什麼生死攸關的事，就算這次不成功，還是可以之後再試一次。所以我就先放手，讓那些投資人試試他們的辦法。當然，那次失敗了。他們是聰明人，只是那次太過自信；失敗一次，就能讓他們體認到這一點。

在這之後，投資人就同意通過預算，讓

公司以正確的方式拓展新市場。同樣重要的是，他們也開始更尊敬安東尼和賈斯汀在艱苦實戰中取得的經驗，於是他們成為一個更強大的團隊。

這種策略顯然有其局限：如果第一次失敗會讓人損失慘重、甚至造成傷害，這樣的學習代價就會高到難以負擔。但只要失敗的代價不是太高，就有可能付得很值得，可以作為未來建立更好關係的投資。有些人，只要讓他們撞牆一兩次，就會願意讓你告訴他們門在哪了。

重點在贏得下一場戰役

幾年前，三星成立了歐洲創新部門，目標是找出顛覆性創新的想法，並讓韓國三星總部的決策者願意接受。然而，該部門的負責人曼斯菲爾德（Luke Mansfield）告訴我：

在韓國，講到要嘗試顛覆性創新想法，他

們往往不願承擔風險。所以我們並沒有加強說服的力道、希望讓他們接受顛覆性的想法，而是先提出一些比較安全的想法。雖然這些想法能造成的顛覆效果比較小，但確實有助於他們繼續成功發展。到最後，他們對我們有了足夠的信任，能讓我們說服他們接受一些更大規模的想法，於是我們也終於可以成功履行原本的使命。

身為專業人士，我們當然希望自己每次都是對的。但有時候，正確的選擇是先接受失敗，把眼光放遠、建立起與客戶之間的信任。總有一天，你能讓自己的聲音在他們心中更有份量。

有人抗拒改變框架，該怎麼辦？

抗拒重組問題框架

　　如果客戶不想花時間重組問題框架，可以試試以下方法：

- 提出看起來很正式的架構。
- 提前教育客戶，例如提供一些閱讀材料。
- 在會談的時候，告訴客戶「電梯太慢」的故事。
- 告訴對方其他客戶的故事。

- 根據客戶著重的焦點提出建議：客戶是想進取求「贏」、或是防禦求「不輸」？
- 明確針對客戶的情緒來因應：客戶是「結論迴避者」，或是「結論追求者」？
- 邀請外部人士，讓他們達到你想要的目的。
- 提前蒐集問題陳述。

如果以上方式都無法奏效，可以延後重組問題框架，或者在私下祕密進行。

面對「不願意接受結論」的客戶

如果客戶不願面對問題的某些方面，可以嘗試以下方式：

- **先問問自己**：我會不會搞錯了？客戶抗拒你的某項判斷，並不一定是在否定你，而可能是你還有某些事情沒考慮到。
- **針對「客戶不願意接受」的問題，重組問題框架**：是不是還有別的事沒考慮到？
- **取得能用來展示的資料數據**：你能否蒐集一些證據，幫助客戶了解發生了什麼事？
- **擁抱客戶的邏輯，再找出突破點**：回想一下笛夏德的故事，中情局的殺手怎麼

可能這麼無能？

- **準備兩套解決方案**：甚至有時候，一套解決方案既能解決目前所陳述的問題，也能解決你認為實際上更應該去解決的問題。
- **讓客戶失敗一次。**（如果代價不會太大）
- **重點在贏得下一場戰役**：現在先專注於維持關係。

臨別一語

在這趟旅程的終點，我想回到過去，為你介紹一位 19 世紀後期的特殊人物：錢柏林（Thomas C. Chamberlin）。

錢柏林是一位地質學家，也是第一位警告世人「切勿過度迷戀自己所提出理論」的現代思想家。正如他在 1890 年的《科學》期刊文章所言（當時的學術期刊還允許使用瑰麗而雋永的文句）：

心智愉悅的流連於那些碰巧符合理論的現象之中，並對那些理論無法駕馭的現象冷漠以對。心智由其欲望所引導，本能性追尋能夠支持理論的事物。

這種現象在今天被稱為「確認偏誤」（confirmation bias），行為經濟學研究已經充分證實這會嚴重影響判斷能力。一旦你過度迷戀自己所提出的理論（錢柏林將這種迷戀與父母溺愛小孩相提並論），就會對其中的缺點視而不見。

從理論到實用假說

在錢柏林的時代，科學界已經意識到確認偏誤的危險。當時許多人提倡用「實用假說」（working hypothesis）這種新概念來解決問題。

相較於理論，「實用假說」可以說是一套暫定的解釋，主要目的是作為進一步研究的引導框架，讓你能夠想出辦法來測試自己的假說。在假說經過測試之前需要謹慎看待，用我們現代人的說法則是「先別覺得自己的想法太了不起」。

「實用假說」看起來似乎是個很合理的建議，但錢柏林並不贊成。他從經驗中了解，不管多「暫定」，如果你只考慮特定的一種解釋，就等於你在心智上對它有所迷戀。這就像是溺愛獨生子一樣難以避免錯誤。那麼，該怎麼辦呢？

錢柏林所提出的解決方案是提出「多重實用假說」，也就是同時研究多種可能的解釋。事先採取這樣的措施，就能避免自己落入只有單一觀點的危險。這種概念聽起來是不是有點似曾相識？多重實用假說的做法，其實類似於在遇到問題時找出不只一種問題框架。

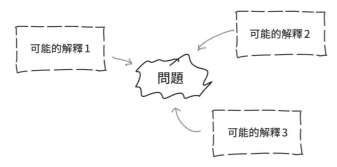

錢柏林提出了一種避免確認偏誤的方法，與「重組問題框架」息息相關，我簡單摘要如下：

- 永遠不要在事前只想出一種解釋。
- 同時研究多種不同解釋，直到有足夠實證測試指出最佳選擇為止。
- 最佳的處理方式可能需要綜合幾種不同解釋，對此應保持開放的態度。
- 如果之後出現更好的發展，也不妨放下原來的方案。

錢柏林當時的觀察，對今天的問題同樣適用。

- 遇到問題的時候，我們會想立刻開始找解釋：「發生了什麼事？是什麼造成這一團混亂？」
- 一般來說，我們的心智會得到某個似乎符合要求的答案：「收容所裡，有30％的狗狗都是主人親手送來的。所以顯然

原因就在於他們是壞人。」

- 而在之後，我們就轉為「解決方案模式」，再也不顧任何其他可能：「像這樣的人，真的不該允許他們領養寵物。我們該怎樣把領養程序改得更嚴格，才能篩掉那些不適任的飼主？」

這種簡單的流程，從痛點導出問題、從問題導出不良的解決方案，就造成我們許多的痛苦與浪費。而解決方式正如錢柏林所建議，絕不是要再更仔細分析自己最喜歡的理論，又或者假裝自己可以做得更客觀，而是在一開始就要想出其他的觀點，避免自己對某個壞點子太過迷戀。同時也要記得，問題的解決方案幾乎總是不止一種。

————————————

我希望這本書已經提供足夠的工具，能

讓你能開始去重組問題框架。最後，我還想分享兩點建議，讓你知道放下這本書之後該做些什麼。

第一，**盡可能多多練習重組問題框架。**錢柏林指出，經過足夠的練習，能讓這套方法成為自然而然的心智習慣。他寫道：「心智不是簡單且連續的線性思考，而是擁有似乎能在同一時間、從不同觀點出發的思維能力。」

想達到這種境界，請開始將重組問題框架應用在各種大小問題上，不論是工作、家庭問題、或是你所關心的社會或全球問題，都盡可能加以運用。練習改變框架的次數愈多，等到真正遇到重要問題，用起來就愈得心應手。

第二，**與生活中至少一個人分享這套方法。**如果有人協助，問題就會變得似乎比較容易解決；而如果這位協助者碰巧懂得重組問題框架，就更是如此。以下提出幾項建議：

- 與工作團隊分享重組問題框架的概念。這樣一來，如果你開始談某個問題需要重組問題框架，他們就能夠理解、也能幫得上忙。
- 在職場之外，也與你的另一半或某位好友分享重組問題框架的概念。如果之後有問題想討論，就可以求助這些對象。另外，也可以會需要依賴你解決問題的人分享重組問題框架的概念。
- 分享的對象還可以是公司的上司、人資團隊、或者任何有能力在你的工作場所裡推廣這套概念的人。
- 另外，如果你覺得這本書值得讓更多讀者看到，歡迎在網路上提出書評，或以其他任何方式分享出去。

親愛的讀者，我們已經來到電梯旅程的盡頭。早在錢柏林的時代，人類就已經明白「重組問題框架」的力量，然而大多數人至今仍不擅此道。我覺得這實在是匪夷所思，也認為我們有能力改變現況。

所以，就讓我們開始吧。

湯馬斯・維戴爾－維德斯柏
於紐約市

推薦閱讀

相關資源及培訓選擇

本書英文網站www.howtoreframe.com提供以下資源：

- 理論入門介紹
- 檢核清單
- 方便列印的「重組框架表」
- 其他資源

如果讀者想在自己的企業組織進一步推廣重組問題框架的概念，網站也提供各項**專題演講、培訓工作坊以及各種授權事宜**。

「重組問題框架」相關讀物

以下為個人選書列表，但相關書目絕不只有這些。大致上，我個人比較喜歡閱讀實務路線的書籍，如果讀者偏好理論研究，歡迎造訪本書網站。

Chip and Dan Heath, *Decisive: How to Make Better Choices in Life and Work* (New York: Crown Business, 2013).

《零偏見決斷法：如何擊退阻礙工作與生活的四大惡棍，用好決策扭轉人生》，大塊文化出版。

如果只想讀一本書，這是不二的選擇。這部著作從廣域的角度討論問題解決與決策問題，和本書能夠相輔相成。一如先前的《黏力》（*Made to Stick*）與《學會改變》兩本書，《零偏見決斷法》既有研究基礎，讀來又充滿趣味，而且相當實用。

在一般商業的運用

Jennifer Riel and Roger L. Martin, *Creating Great Choices: A Leader's Guide to Integrative Thinking* (Boston: Harvard Business Review Press, 2017).

兩位作者以羅傑・馬丁的著作為基礎，提供關於心智模型與創造新選項的實用建議。

在醫療的運用

Lisa Sanders, *Every Patient Tells a Story: Medical Mysteries and the Art of Diagnosis* (New York: Broadway Books, 2009)
《診療室裡的福爾摩斯》，天下文化出版。
本書適合一般大眾，讓人一窺醫療診斷的樣貌。

在政治的運用

Jonathan Haidt, *The Righteous Mind: Why Good People Are Divided by Politics and Religion* (New York: Pantheon, 2012)
《好人總是自以為是：政治與宗教如何將我們四分五裂》，大塊文化出版。
精彩指出保守選民與進步選民對問題的框架有何不同。

在設計的運用

Kees Dorst, *Frame Innovation: Create New Thinking by Design* (Cambridge, MA: Massachusetts Institute of Technology, 2015)
本書深入研究重組問題框架在設計實務上的重要角色，理論討論格外扎實。

在談判妥協的運用

Roger Fisher, William Ury, and Bruce Patton, *Getting to Yes: Negotiating Agreement Without Giving In* (Boston: Houghton Mifflin, 1981)
《哈佛這樣教談判力》，遠流出版。
經典之作，至今仍然是這項主題第一該讀的書。

Douglas Stone, Bruce Patton, and Sheila Heen, *Difficult Conversations: How to Discuss What Matters Most* (New York: Penguin, 1999)

《再也沒有難談的事》，遠流出版。

本書提供許多例子，指出如果能從新的觀點來看他人動機，就能讓許多問題迎刃而解。

Chris Voss, *Never Split the Diference: Negotiating as if Your Life Depended on It* (New York: HarperCollins, 2016)

《FBI談判協商術：首席談判專家教你在日常生活裡如何活用他的絕招》，大塊文化出版。

本書作者曾擔任人質談判專家。

在教育的運用

Dan Rothstein and Luz Santana, *Make Just One Change: Teach Students to Ask Their Own Questions* (Cambridge, MA: Harvard Education Press, 2011).

如果是教師希望讓學生更懂得質疑各種事物，可參閱本書。書中根據兩位作者在「正確問題協會」（Right Question Institute）的研究，詳細指引如何在教室運用其提問技巧。

在工程及營運的運用

H. Scott Fogler, Steven E. LeBlanc, and Benjamin Rizzo, *Strategies for Creative Problem Solving*, 3rd ed. (Upper Saddle River, NJ: Pearson Education, 2014)。

這本教科書是這個領域的最佳指南，也提供大部分問題解決框架的概覽。

在數學及計算的運用

Zbigniew Michalewicz and David B. Fogel, *How to Solve It: Modern Heuristics*, 2nd ed. (Berlin: Springer-Verlag, 2000)。

如果喜歡書裡有大量數學公式協助閱讀，可參閱本書。書中分成統計法、計算機演算法等等章節。

在新創企業與問題驗證的運用

史丹佛大學教授布蘭克關於顧客發展的研究,對於顧客問題的診斷與驗證提出許多有用的建議。

Steve Blank and Bob Dorf, *The Startup Owner's Manual: The Step-by-Step Guide for Building a Great Company* (Pescadero, CA: K&S Ranch Publishing, 2012)

《創新創業教戰手冊》,華泰文化出版。

本書提供相關詳細引導。

如果是想快速了解整體概念,參見:Blank, "Why the Lean StartUp Changes Everything," *Harvard Business Review*, May 2013.

〈精實創業改變全世界〉,2013年5月號《哈佛商業評論》。

同樣值得參閱的有:

Eric Ries, *The Lean Startup: How Today's Entrepreneurs Use Continuous Innovation to Create Radically Successful Businesses* (New York: Crown Business, 2011)

《精實創業:用小實驗玩出大事業》,行人出版。

在教練領導的運用

Michael Bungay Stanier, *The Coaching Habit: Say Less, Ask More, and Change the Way You Lead Forever* (Toronto: Box of Crayons Press, 2016)

《你是來帶人,不是幫部屬做事:少給建議,問對問題,運用教練式領導打造高績效團隊》,高寶出版。

如果想更懂教練領導,我強力推薦這本書。書中的指引簡短但實用,讓人了解如何用提問協助客戶或自己重新思考問題。

在獎勵體制的運用

Steve Kerr, *Reward Systems: Does Yours Measure Up?* (Boston: Harvard School Publishing, 2009) 這本實用的小書雖然不是直接討論重組問題框架，卻提出非常實用的建議，讓你能確保自己的獎勵體制瞄準正確的問題。

在顧客需求研究的運用

「待完成的工作」框架是一項很實用的工具，能讓人了解及反思顧客的需求與痛點。
Clayton Christensen, Taddy Hall, Karen Dillon, and David S. Duncan, *Competing Against Luck: The Story of Innovation and Customer Choice* (New York: HarperCollins, 2016)
《創新的用途理論：掌握消費者選擇，創新不必碰運氣》，天下雜誌出版。
本書提供關於這套方法的完整概覽與使用方式。如果是實務人士，也推薦參閱：
Stephen Wunker, Jessica Wattman, and David Farber, *Jobs to Be Done: A Roadmap for Customer-Centered Innovation* (New York: Amacom, 2016)。
另一本強調組織觀點的著作則是：
Rita Gunther McGrath and Ian C. MacMillan, *Discovery-Driven Growth: A Breakthrough Process to Reduce Risk and Seize Opportunity* (Boston: Harvard Business Review Press, 2009)。
關於提問與重組問題框架能對產品開發有何作用，有一篇很實用的文章：
Kevin Coyne, Patricia Gorman Clifford, and Renée Dy, "Breakthrough Thinking from Inside the Box," *Harvard Business Review*, December 2007.
〈設限打造突破性構想〉，2007年12月號《哈佛商業評論》
Christian Madsbjerg and Mikkel B. Rasmussen, *The Moment of Clarity: Using the Human Sciences*

to Solve Your Toughest Business Problems (Boston: Harvard Business Review Press, 2014).

《大賣場裡的人類學家：用人文科學搞懂消費者，解決最棘手的商業問題》，天下文化出版。

本書可以讓讀者深入了解「意會」（sense-making）與其他人誌學研究方法。 兩位作者提倡應該要徹底融入消費者的世界，並以樂高及其他案例提供令人信服的個案研究。如果想要迅速了解大致概念，可參閱《哈佛商業評論》文章：

"An Anthropologist Walks into a Bar … ," Harvard Business Review, March 2014.

〈展開顧客田野調查〉，2014年3月號《哈佛商業評論》。

其他主題

提問

提出好問題的能力，與重組問題框架息息相關。一些值得推薦的讀物包括：

Hal Gregersen, Questions Are the Answer: A Breakthrough Approach to Your Most Vexing Problems at Work and in Life (New York: HarperCollins, 2018)

《創意提問力：麻省理工領導力中心前執行長教你如何說出好問題》，時報出版。

Hal Gregersen, "Bursting the CEO Bubble," Harvard Business Review, March– April 2017.

〈執行長請離開無菌室〉，2017年4月號《哈佛商業評論》

Warren Berger, A More Beautiful Question: The Power of Inquiry to Spark Breakthrough Ideas (New York: Bloomsbury USA, 2014)

《大哉問時代：未來最需要的人才，得會問

問題，而不是準備答案》，大是文化出版。
本書目標讀者為一般大眾。

Edgar H. Schein, *Humble Inquiry: The Gentle Art of Asking Instead of Telling* (San Francisco: Berrett-Koehler Publishers, 2013)

《MIT最打動人心的溝通課：組織心理學大師教你謙遜提問的藝術》，天下文化出版。
本書十分實用，目標讀者為管理者。

顧問的問題解決技巧

Charles Conn and Robert McLean, *Bulletproof Problem Solving: The One Skill That Changes Everything* (Hoboken, NJ: John Wiley & Sons, 2018).

本書可讓讀者深入了解管理顧問所用的分析問題解決方式。

Richard Pascale, Jerry Sternin, and Monique Sternin, *The Power of Positive Deviance: How Unlikely Innovators Solve the World's Toughest Problems* (Boston: Harvard Business Press, 2010).

這本傑作指出幾項重要方法，能讓人找出在團隊或社群負責解決方案的人（也就是讓其他人自行框架問題、找出解決方案，而顧問只是從旁協助）。

問題界定

在重組問題框架前，總需要先建立框架，也就是要有「問題陳述」。關於如何建立問題框架（相較於重組問題框架），可以參考以下兩篇文章：

Dwayne Spradlin, "Are You Solving the Right Problem?" *Harvard Business Review*, September 2012.

〈問題真的解決了嗎？〉，2012年9月號《哈佛商業評論》。
文中提供方針，教導如何提出問題陳述，而讓外人提供意見或解決方案。

Nelson P. Repenning, Don Kieffer, and

Todd Astor, "The Most Underrated Skill in Management," *MIT Sloan Management Review*, Spring 2017.

提供幾項有用的建議，特別是如何澄清目標。

影響策略

Phil M. Jones, *Exactly What to Say: The Magic Words for Influence and Impact* (Box of Tricks Publishing, 2017).

《讓人無法拒絕的神奇字眼：話該怎麼講，結果立刻不一樣？只要改變幾個字，瞬間消滅對話中的負能量》，大是文化出版。

如果你的主要挑戰在於影響他人（像是要讓某個團隊改變心意，接受你的觀點），就可以參閱這本小書。書中對於用字遣詞提出極具策略的建議。

另一本經典之作是：

Robert Cialdini, *Influence: The Psychology of Persuasion* (HarperBusiness, 2006).

《影響力：讓人乖乖聽話的說服術》，久石文化出版。請選擇修訂版。

了解自己及他人

Heidi Grant Halvorson, *No One Understands You and What to Do About It* (Boston: Harvard Business Review Press, 2015).

《沒人懂你怎麼辦？不被誤解・精確表達・贏得信任的心理學溝通技巧》，天下雜誌出版。

本書目標讀者為實務人士，提供簡短的指引。

Tasha Eurich, *Insight: The Surprising Truth About How Others See Us, How We See Ourselves, and Why the Answers Matter More Than We Think* (New York: Currency, 2017).

《深度洞察力：克服認知偏見，喚醒自我覺察，看清內在的自己，也了解別人如何看待

你》，時報出版。

相較於上一本，本書提供的內容更為深入。

觀察的藝術

就像福爾摩斯一樣，想要成功解決問題，有時候得靠著看到別人沒注意到的細節。

Amy E. Herman, book *Visual Intelligence: Sharpen Your Perception, Change Your Life* (New York: Houghton Mifflin Harcourt, 2016).

《看出關鍵：FBI、CIA、全美百大企業都在學的感知與溝通技術》，方智出版。

如果想讓自己的觀察技巧更上一層樓，推薦讀這一本書。赫爾曼透過對古典藝術品的研究，將觀察的藝術傳授給FBI探員及警方，書中有精美的彩色圖解，能讓讀者磨鍊能力、見人所不能見。

多元性

Scott Page, *The Diversity Bonus: How Great Teams Pay Of in the Knowledge Economy* (Princeton, NJ: Princeton University Press, 2017)

這是我關於多元性最喜歡的著作。書中證明多元性的優點，也提供實用的框架，能讓人發揮多元性的好處。

心智模型及隱喻理論

心智模型及隱喻對人類思維的影響絕不容小覷。如果對認知及語言學有興趣，推薦的著作如下：

Douglas Hofstadter and Emmanuel Sander, *Surfaces and Essences: Analogy as the Fuel and Fire of Thinking* (New York: Basic Books, 2013)

George Lakoff and Mark Johnson, *Metaphors We Live By* (Chicago: University of Chicago Press, 1980).

《我們賴以生存的譬喻》，聯經出版。

經典之作，至今仍然發人深省。

各章註釋

引言：你的問題到底是什麼？

P.10：經過五十多年研究證明。本書所說的「重組問題框架」在過去的研究文獻裡有各種不同的稱呼，包括「問題找尋」（problem finding）、「問題發現」（problem discovery）、「問題界定」（problem formulation）、「問題建構」（problem construction）等等。重組問題框架的科學研究多半出自創意研究領域，開創者為 1971 年的葛佐斯（Jacob Getzels）與契克森米哈伊（Mihaly Csikszentmihalyi），後續研究者包括蒙福（Michael Mumford）、朗可（Mark Runco）、史坦伯格（Robert Sternberg）、萊特-帕爾文（Roni Reiter-Palmon）等人。

然而，關於重組問題框架的研究史還不僅於此。不論在任何我們想得到的理論或實務學科，「問題診斷」（problem diagnosis）幾乎都是重中之重，因此幾乎在任何人類研究領域都會看到重組問題框架的思想家。部分早期重組問題框架思想家及其相關領域，依時間先後排列如下：地質學（Chamberlin, 1890）、教學（Dewey, 1910）、心理學（Duncker, 1935）、物理學（Einstein and Infeld, 1938）、數學（Polya, 1945）、營運管理（Ackoff, 1960）、哲學（Kuhn, 1962）、批判理論（Foucault, 1966）、社會學（Goffman, 1974）、行為經濟學（Kahneman and Tversky, 1974），以及同樣非常重要的管理科學（Drucker, 1954; Levitt, 1960;

Argyris, 1977）。除此之外，各個領域的實務工作者同樣有重大貢獻，這些領域包括企業家精神、教練領導、談判、商業策略、行為設計、衝突解決，以及特別是設計思考。如果還想進一步了解重組問題框架的歷史，請造訪本書英文網站（www.howtoreframe.com），網站上提供整個概念背後的科學證據概覽，包括以上各個思想家的完整書目。

P.10：這件事其實並不難。研究指出，重組問題框架是一種可以教導學習的技能（而不是與生俱來的天賦）。一項在 2004 年的後設研究（也就是回顧所有可得文獻）發現，想讓人更有創意，最有效的方法之一就是訓練他們尋找問題；參閱：Ginamarie Scott, Lyle E. Leritz, and Michael D. Mumford, "The Effectiveness of Creativity Training: A Quantitative Review," *Creativity Research Journal* 16, no. 4 (2004): 361。

P.11：「電梯太慢」問題。這個電梯案例已成經典傳說，真正的出處（如果真有一個出處）不可考。據我所知，第一次在學術刊物上提到這個故事是在 1960 年，由知名運籌學者阿克考夫（Russell L. Ackoff）提出，用來強調應成立跨學科問題解決團隊；參閱：Ackoff, "Systems, Organizations, and Interdisciplinary Research," *General Systems*, vol. 5 (1960)。阿

克考夫也在後來的文章提到這是一則軼事。在此感謝哥倫比亞商學院的班賈迪歐（Arundhita Bhanjdeo）、葳伯（Elizabeth Webb）、貝麗札（Silvia Bellezza）讓我得知阿克考夫最初的文章。

P.12：裝上鏡子。請注意，這裡並非打算將「裝上鏡子」視為「電梯太慢」問題的終極解答。（舉例來說，如果當事人開會就快要遲到，這個辦法肯定無法奏效。）這只是一個深刻的例子，可以用來說明本書核心概念：透過重組問題框架，往往能找到比傳統分析更好的解決方案。

P.12：「重組問題框架」的力量不僅為人所知……等人所證實。對此，愛因斯坦和英費爾德（Leopold Infeld）曾在1938年提出一項知名的說法：「問題的解答可能只是某種數學或實驗的技巧；問題的形成，常常比問題的解答更為重要。如果要提出新的問題、新的可能，**要從新的角度來看待舊的問題**，就需要有創意想像，而這也是科學的真正進展。」（參閱：Einstein and Infeld, The Evolution of Physics [Cambridge: Cambridge University Press, 1938]。本段內容出於2007年版第92頁。）至於這段話背後「要解決『對的問題』」的想法，還可以追溯到更久之前，兩位主要貢獻者為張伯倫（Thomas C. Chamberlin）(1890) 與杜威（John Dewey）(1910)。至於將英文的「framing」一字用來表達「框架」的意思，是始於1974年，由社會學者高夫曼（Erving Goffman）用在其著作 *Frame Analysis: An Essay on the Organization of Experience* (Boston: Harvard University Press, 1974) 之中。高夫曼認為框架就是我們用來組織與詮釋各種經驗的心智模型，也就是用來意會的工具。

P.14：85％的人表示自己的企業並不擅長重組問題框架。資料出自我在2015年所做的三項調查，調查對象是參與我課程的106位資深高層主管。三項調查所得到的回應模式相同，每10位都只有不到1位表示自己的公司在問題診斷方面沒有面臨嚴重挑戰。

P.17：「重組問題框架表」。感謝奧斯特瓦德（Alexander Osterwalder）和皮尼厄（Yves Pigneur）讓商業書有了新的典範，也讓我得到靈感，打造出「重組問題框架表」。

P.17：執行長當然也需要重組框架……成效卓著。可參閱本書推薦閱讀中，馬丁（Roger L. Martin）對整合思維（integrative thinking），以及葛瑞格森（Hal Gregersen）對提問技巧的研究。

第1章：什麼是「重組問題框架」？

P.20：願意試著解決問題的人，往往有著「樂觀」的基本特質。從心理學家班度拉（Albert Bandura）的研究開始，針對學者所稱的「自我效能」（self-efficacy，也就是相信「我能做到」），有許多相關研究；參閱：Albert Bandura, "Self-Efficacy in

Human Agency," *American Psychologist* 37, no. 2 (1982): 122–147。有趣的是，嚴格來說自我效能並不算是後天經驗或學習的結果，部分研究指出自我效能主要取決於先天個人特質。參閱：Trine Waaktaar and Svenn Torgersen, "Self-Efficacy Is Mainly Genetic, Not Learned: A Multiple-Rater Twin Study on the Causal Structure of General Self-Efficacy in Young People," *Twin Research and Human Genetics* 16, no.3 (2013): 651–660。此外，自我效能也只在意你有多「相信」自己能成功，而與實際的效能（也就是現實的結果）不一定相關。更多相關資訊請參閱接下來的註解。

P.20：過去早就有太多樂觀主義者慘敗的例子。 關於自信如何把人帶向死路，可從企業精神的相關研究找到例子。在阿斯特伯（Thomas Astebro）與艾希里（Samir Elhedhli）的一項精彩研究中，針對非營利組織「加拿大創新中心」（Canadian Innovation Centre）認定極不可能成功的商業計劃，研究這些計劃背後的企業家。這些企業家有一半都無視於該中心的意見，仍然啟動計劃，最後無一倖免，全部如預測一般慘敗收場；參閱：Thomas Astebro and Samir Elhedhli, "The Effectiveness of Simple Decision Heuristics: Forecasting Commercial Success for Early-Stage Ventures," *Management Science* 52, no.3 (2006)。我要感謝組織心理學家歐里希（Tasha Eurich）透過其著作 *Insight: The Surprising Truth about How Others See Us, How We See Ourselves, and Why the*

Answers Matter More Than We Think (New York: Currency, 2017) 讓我看到這項研究。

P.21：每年估計有超過 300 萬隻狗等待領養。 這裡的數據來自 ASPCA 網站。相較於對人類的調查，關於寵物的紀錄並不精確，不同來源所提出的數字可能有很大出入。

P.22：BarkBox 的案例。 與沃德林與葛麗森（Stacie Grissom）的個人談話，2016 年。

P.23：絕對可說是物超所值。 BarkBuddy 為收容所寵物領養帶來怎樣的影響？收容所的聯絡細節是直接列在狗狗的檔案上，所以 BarkBox 並無法透過這個應用程式追蹤最後的領養情形。然而，我們還是可以評估投入 8,000 美元成本打造這套應用程式的成效如何：與 BarkBox 直接將 8,000 美元捐給某收容所或救援團體的成效做比較。假設在收容所平均投入 85 美元才能讓一隻狗得到領養（後面就會提到這個數字），只要 BarkBuddy 能讓大約 100 個人因為這套應用程式而去領養狗狗，就代表成功。而在程式推出後，每個月的頁面瀏覽數就來到百萬，表示 BarkBuddy 媒合領養的效果可能非常卓越。

P.23：韋斯的動物收容介入計劃。 根據我從 2016 到 2018 年與韋斯的幾次談話，並請參閱：*First Home, Forever Home:*

How to Start and Run a Shelter Intervention Program (CreateSpace Publishing, 2015)。韋斯在書中談到這項計劃的細節，並解釋如何經營類似的計劃。部分內容曾收錄在我的文章："Are You Solving the Right Problems?," January– February 2017 issue of *Harvard Business Review*。感謝舒馬闕（Suzanna Schumacher）讓我得知韋斯的案例。

P.24：收容及安樂死的寵物數量已來到歷史新低。 近年來，領養率、收容率及安樂死的比例都有大幅改善。從2011到2017年，貓狗合計的領養數從270萬上升到320萬，安樂死數量從260萬降低到150萬。這裡的動物保護介入計劃（又稱為「安全網計劃」）是相關措施之一，但同時也有許多其他專案貢獻心力。動物收容產業絕對比我說得更複雜，讀者若有興趣進一步了解，建議造訪ASPCA網站（www.aspca.org）。以上改善數字，引自ASPCA於2017年3月1日公布的新聞稿。

P.26：「廣角鏡」。 參閱：Ron Adner, *The Wide Lens: What Successful Innovators See That Others Miss* (New York: Portfolio/ Penguin, 2012)。除此之外，BarkBuddy能夠成功，還要感謝PetFinder.com在先前打造的中央資料庫，讓收容所能夠列出待收養的狗狗、也讓BarkBuddy能夠從中抓取資料。

P.28：納特對決策的研究。 納特寫道：「放棄的選項

並不是就這樣浪費了，而是協助你確認選出的行動方針多麼有價值，並且經常為你提供改進行動方針的方式。」納特的研究摘要可見於其著作：Nutt, *Why Decisions Fail: Avoiding the Blunders and Traps That Lead to Debacles* (San Francisco: BerrettKoehler, 2002)。以上引用出自頁264。

P.30：未來最重要的技能清單。 取自 World Economic Forum, "Future of Jobs Report 2016"。

P.30：現在已經有人透過重組問題框架，為早已根深柢固的政治衝突尋得全新解決方案。 案例出自1978年的大衛營協議。關於問題框架如何影響政策的深入討論，參閱巴奇（Carol Bacchi）對其WPR框架的研究。更深入（接近難以理解）的討論，參閱：Donald A.Schön and Martin Rein, *Frame Reflection: Toward the Resolution of Intractable Policy Controversies* (New York: Basic Books, 1994)。

P.30：問題框架能夠作為武器。 關於如何運用問題框架來左右意見，可以追溯到政治科學領域早期所謂的「議題設定」（agenda-setting）研究。這個領域的早期研究多半著重在新聞報導的輕重緩急與報導頻率，會如何影響民眾對某個主題的意見。後來的研究則開始檢視主題的不同框架如何影響民眾的感受與想法。

如果讀者對美國政治感興趣，參閱：George Lakoff, *Don't*

Think of An Elephant!: Know Your Values and Frame the Debate (White River Junction, NJ: Chelsea Green Publishing, 2004)。萊考夫是框架效應（framing effects）的知名學者，研究框架效應與語言及隱喻間的連結。萊考夫自詡為自由派，而且對此從不掩飾。如果想找到更政治平衡的讀物，參閱：Jonathan Haidt, *The Righteous Mind: Why Good People Are Divided by Politics and Religion* (New York: Pantheon, 2012)。

另一批關於框架效應的重要研究出於康納曼（Daniel Kahneman）與特沃斯基（Amos Tversky）之手，讓我們了解在我們覺得某項改變是好或壞時，會因為框架而有全然不同的結論。想了解深度討論，可閱讀康納曼的《快思慢想》（*Thinking, Fast and Slow*）(New York: Farrar, Straus and Giroux, 2011)。另一個較粗略、但也十分精彩的論述，參閱：Michael Lewis, *The Undoing Project: A Friendship That Changed Our Minds* (New York: W. W. Norton & Company, 2017)。如果還想再粗略一點，可以走進任何書店、往大眾心理學那一區射隻飛鏢，射中什麼就拿起來讀就對了。

第2章：做好「重組問題框架」的準備

P.38：「發想觀點」。 這句話是西恩（Sheila Heen）的女兒理查森（Adelaide Richardson）所創；我們在第7章「照照鏡子」還會看到西恩這位作家兼協商專家。

P.38：「反而沒有時間發明輪子」。 2010年與製藥業高層羅倫森（Christoffer Lorenzen）邊喝拿鐵邊聊到的話題。

P.39：「55分鐘」的名言。 這句號稱「出自愛因斯坦」的話，最早出現在一篇1966年的文章，但當時說話的是某位不知名的耶魯大學教授，而不是愛因斯坦。如果想看看這句名言到底有多少不同版本，可以造訪 Garson O'Toole 的網站 QuoteInvestigator.com。此外，不管某句話有多扯，只要你說這是愛因斯坦或其他某個專家說的，似乎就能神功護體、不受批評，我覺得這實在妙不可言。說到這點，我再補充一句名言，有人說（也就是我本人）這是愛因斯坦、甘地、賈伯斯、德蕾莎修女和伊麗莎白女王一世說的：「你應該向認識的所有人推薦《你問對問題了嗎？》這本書。」

P.40：多次重複「繞一圈」的動作，也就是在前進的過程中暫停好幾次。 麻省理工的舍恩（Donald Schön）教授是最早一批開始研究專家如何工作的學者，提出「行動中反思」（reflection-in-action）的概念。參閱：Schön, *The Reflective Practitioner: How Professionals Think in Action* (New York: Basic Books, 1983)。所謂的行動中反思，是他發現教師、建築師與醫療保健專業人士通常會**在工作時**就不斷反思自己的做事方法，並做出調整，而不是另外正式去建構出什麼理論。與他共同研究的阿吉里斯（Chris Argyris）也把類

似的概念帶進管理學研究領域，稱之為「雙環路學習」（double-loop learning）。還有許多其他專家，都談到應該在我們的日常生活就建立起反思的小習慣。至於我個人則偏好管理學者海菲茲（Ronald Heifetz）與林斯基（Marty Linsky）所提出「去陽台上」的概念，參閱他們的著作：*Leadership on the Line: Staying Alive through the Dangers of Leading* (Boston: Harvard Business Press, 2002)。如果是喜歡運動比喻（甚至是實際去運動）的人，重組問題框架的循環其實很像是運動時需要集中精神的暫停時間：像是籃球喊暫停、美式足球進行聚商（huddle）、一級方程式賽車進維修站的情形。

P.43：「心智習慣。」 前哈佛大學社會科學院院長科斯林（Stephen Kosslyn）曾在 *Building the Intentional University: Minerva and the Future of Higher Education* (Cambridge, MA: Massachusetts Institute of Technology, 2017) 談到心智習慣，該書為他和尼爾森（Ben Nelson）合編。

P.44：葛瑞格森的「問題大爆發」。 參閱：Gregersen, "Better Brainstorming," *Harvard Business Review*, March–April 2018。

P.45：能讓問題有時間沉澱一下，開啟之後靈光乍現的契機。 我們可以把「重組問題框架」想成一個主動與被動交織的過程。主動的部分是你對整個框架的思索；被動的部分則發生在分析與解決的背景之中、外在於正式解決問題流程以外。這個被動的部分，很像是所謂的「醞釀」（incubation）過程。「醞釀」的概念是由早期創造力學者華萊士（Graham Wallas）在1926年所提出，並成為日後多數創造模型的關鍵元素之一。依我的經驗，先主動的進行一輪重組問題框架，能讓人「準備好」去注意到各種異常及其他跡象，對後續的問題診斷很有幫助。

第3章：為問題建立框架

P.56：創造力研究領域歷經約十年的發展。 一般認為，創造力的科學研究正式奠基於1950年，以心理學家吉爾福特（J. P. Guilford）的一場演說開始。而葛佐斯在與傑克遜（Philip W. Jackson）於1962年合著的 *Creativity and Intelligence: Explorations with Gifted Students* (London; New York: Wiley) 當中，於第3章率先提出兩種問題類型。葛佐斯表示，這些概念要歸功於更早的心理學家韋特墨（Max Wertheimer）與數學家阿達馬（Jacques Hadamard）的思想。葛佐斯後來與心理學家契克森米哈伊的合作成果，一般認為是問題尋找與重組問題框架的奠基之作。

P.57：葛佐斯稱之為「給定的問題」。 所謂「給定的問題」（presented problems）是指定義明確、有已知解決方案，而且可以清楚知道問題是否已經解決（像是畢氏定理的數學題）。

相較之下，「探索的問題」（discovered problem）則是指定義不清或還沒得到承認、目前沒有已知解決方案，甚至連怎樣才算成功解決也不是很清楚。葛佐斯認為，這兩者並不是非A即B的關係，而比較像是位於光譜的兩端。更多關於葛佐斯的研究，可參閱：*Perspectives in Creativity* (New York: Transaction Publishers, 1975), edited by Irving A. Taylor and Jacob W. Getzels。尤其是第4章。

P.57：痛點、問題、目標、解決方案。我這裡所用的分類，是整理自許多現有的架構。主要的部分是來自對於「問題解決」可能最廣為使用的定義，也就是有人有個目標、但不知道怎麼達成。相關摘要參閱：Richard E. Mayer's *Thinking, Problem Solving, Cognition*, 2nd ed. (New York: Worth Publishers, 1991)。而我又加入「痛點」，是為了強調問題定義的好壞會有不同。這些概念取自葛佐斯與其他幾位思想家的研究，例如阿克考夫（Russell Ackoff）所談的「混局」（messes）；雷芬傑（Donald J. Treffinger）與艾薩森（Scott G. Isaksen）後來研究的「發現困惑」（mess-finding）；還包括甚至更早的教育學者杜威早在1910年就提出的「感覺到的困難」（felt difficulty）。

P.58：三分之二的患者在剛開始治療時，無法明確說出自己想解決的問題是什麼。笛夏德在他的著作 *Keys to Solution in Brief Therapy* (New York: W. W. Norton & Company, 1985)

第9頁談到這個問題。這個數字是出於笛夏德的研究，與心理治療同業一起採用所謂的「焦點解決短期治療」（第6章「檢視亮點」還會談到這種方法）。而在我私下與心理學者聊天時，他們提出的數字多半是在30%到60%之間，可見就連所謂問題的概念也很可能相當模糊。

P.59：難以實現的目標。早期的問題解決文獻（特別在營運科學的領域），重點多半在於與規範出現負面偏差的情形，例如生產線故障。但後來重點擴大，開始包括我在此所謂的「目標導向問題」（goal-driven problem），也就是人們不見得是對現狀不滿，但還是想要有所改進。關於能夠推動問題解決的各種不同「落差」，相關分類請參閱：Min Basadur, S. J. Ellspermann, and G. W. Evans, "A New Methodology for Formulating IllStructured Problems," *Omega* 22, no. 6 (1994): 627。

巴薩度爾所注意到的轉變也同樣出現在心理學領域，當時賽里格曼（Martin Seligman）等人正在引進正向心理學（positive psychology）的概念。傳統心理學多半注意的是病理（同樣也就是與規範的負面偏差），而正向心理學則著重在如何讓機制正常的人再進一步改善生活。

P.60：先有解決方案，再來找問題。說句公道話，有時候就算不是為了解決什麼問題，光是做些新鮮事也很不錯。在企業創新領域，常會看到創新分成「問題導向」

和「概念導向」(術語各有不同)，如果用命中率來看，問題導向的創新往往能有更高的成功率。至於概念導向的創新(也就是並非為了處理某項現有的需求或問題)，一般認為失敗的風險比較大，但那些少數確實成功的概念，往往就能帶來極為豐碩的成果。而對創新者和投資者來說，值得根據每個人的目標和風險耐受程度衡量比重的拿捏。但如果是工作上實際要解決問題，假設你是從事正職工作，還是建議多朝向問題導向，而不是追求天馬行空的概念。

P.61：檢視問題陳述時，很適合用來開頭的問題就是：我們怎麼知道這是真的？「正確問題協會」的創辦人羅史坦(Dan Rothstein)與山塔那(Luz Santana)已經運用這個架構在許多領域，例如教孩子如何「開放」一個問題：把「為什麼我爸管這麼嚴？」(封閉式的敘述)改成「我爸真的管得很嚴嗎？」(開放式的敘述)。

P.61：以我哥哥葛瑞格斯在TV2的例子。我最早提到這個例子是在與米勒合著的文章；參閱："The Case for Stealth Innovation," *Harvard Business Review*, March 2013。

P.62：人們缺乏相關知識，所以沒有選擇健康飲食。可以想像，學生會這樣思考這個問題應該是出於方便(不論是不是有意)：要準備或推出宣傳活動，相對上比較容易；而如果是要調整菜單選項、重新安排餐廳布局，事情就麻煩

多了。我們對問題的思考框架，常常會受到自己希望的解決方案所影響(甚至最好是根本不用做任何改變)。

P.66：對不良問題框架的妥協，是決策者很容易掉進的一種經典陷阱。在管理學領域，羅特曼管理學院(Rotman School of Management)前院長馬丁可說是思考各種策略選項的當代思想翹楚。他針對他所稱的「整合思維」寫了一系列著作；「整合思維」指的是能夠整合許多看來截然不同的選項，最後得出更好的選項。本書也參考他與其他合著者提供的見解。想進一步研究，建議可以先讀他與萊爾(Jennifer Riel)合著的 *Creating Great Choices: A Leader's Guide to Integrative Thinking* (Boston: Harvard Business Review Press, 2017)。

P.66：「核戰、現行政策，或是投降。」請參閱季辛吉的回憶錄：Kissinger, *White House Years* (New York: Little, Brown and Co., 1979)。這個故事是在2011年Simon & Shuster 平裝版的頁418。感謝希思兄弟在其著作 *Decisive: How to Make Better Choices in Life and Work* 特別強調這句引言。

P.67：雅伯特的故事。我已經注意她的創業歷程幾年了，這裡的引言來自我和她在2018年的談話內容。

P.70：若能設定明確、可衡量的目標，並清楚闡明達成

目標所需的行動，成功機率自然更大。可參閱：Chip and Dan Heath, *Switch: How to Change Things When Change Is Hard* (New York: Broadway Books, 2010)，或是參考洛克（Edwin Locke）與萊瑟姆（Gary Latham）的學術論文。

第4章：跳出框架

P.74：也不用把書泡到檸檬汁裡才會出現隱藏字跡。我總覺得，現在在世界上某個地方，一定有哪個讀者剛把這本書泡到檸檬汁裡。我得說這種行動力值得嘉獎，不畏強權的態度也值得鼓勵，很抱歉我沒為這種讀者準備彩蛋獎勵，或許等本書出了新版再說好了。此外，如果你是寫祕密信的專家，應該會知道把書泡到檸檬汁裡並沒用。真正的做法是用檸檬汁來寫字，把書頁再加熱後就會顯現出字跡（但可別把書給燒了）。

P.74：紐約到利哈佛。故事最早是出於1915年由萊森（Charles-Ange Laisant）所著、Hachette出版的教科書 *Initiation Mathematique*。我則是在畢羅（Alex Bellos）那本能讓腦筋愉快的活動一下的著作中看到這個故事。參閱：Alex Bellos, *Can You Solve My Problems?: Ingenious, Perplexing, and Totally Satisfying Math and Logic Puzzles* (Norwich, UK: Guardian Books, 2016)。為求表達清晰，題目部分用字經過調整。剛好，盧卡斯也是河內塔（Tower of Hanoi）的發明者，而河內塔可是問題解決文獻中的經典問題。

P.75：我們甚至不會意識到自己看到的並非問題全貌。雖然建立思考框架大致上是個潛意識的過程，但研究顯示，我們確實能夠學會對如何建立框架更有意識，並藉此變得更有創意。參閱：Michael Mumford, Roni Reiter-Palmon, and M. R. Redmond, "Problem Construction and Cognition: Applying Problem Representations in IllDefined Domains" in Mark A. Runco (ed.) *Problem Finding, Problem Solving, and Creativity* (Westport, CT: Ablex, 1994)。

P.76：你早就知道這個問題一定有什麼盲點。如果你當初答錯了，你當時的反應是什麼？有些人會充滿好奇、想搞清楚。但我也發現，有些人會立刻重新看題目，想找出某些創意詮釋法，好讓自己說他們其實是對的。（「這樣啊，我還以為你說的是他們開航的第一天呢！」）如果你也是如此，可以想一想，如果我們永遠不願意告訴自己「我錯了」，就永遠無法開始學習。願意承認錯誤也會帶來一種力量；就算不是在大眾面前認錯（這有時候是個壞主意），至少在心裡認個錯，才能好好從錯誤中學習。

P.77：多斯特的引言。參閱：Kees Dorst, "The Core of 'Design Thinking' and Its Application," *Design Studies* 32, no.6 (2011): 521。

P.77：優秀的醫師絕不會只注意病人對病情的主述。Lisa Sanders, *Every Patient Tells a Story: Medical Mysteries and the Art of Diagnosis* (New York: Broadway Books, 2009) 除了蒐集許多醫界小故事，也提供對於醫學診斷的反思，發人深省（讀者可能也讀過她在《紐約時報》的「診斷」專欄）。這項主題的另一本經典著作是：Jerome Groopman, *How Doctors Think* (Boston: Houghton Mifflin, 2007)。葛文德（Atul Gawande）幾乎所有著作也都與此有關。

P.77：能夠不受限於各種事故的直接原因。在營運學的各種問題解決框架，例如六標準差（Six Sigma）或豐田生產系統（Toyota Production System）如何區分直接原因（近因）與系統性原因（遠因）都是其中的重點。一般常認為是系統科學家聖吉（Peter Senge）為現代管理學引進系統性思考（及許多其他相關概念），代表作為：*The Fifth Discipline: the Art and Practice of the Learning Organization* (New York: Currency, 1990)。

P.78：「工具定律」。引文的出處為：Abraham Kaplan, *The Conduct of Inquiry: Methodology for Behavioral Science* (San Francisco: Chandler Publishing Company, 1964): 28。另一位同樣叫做亞伯拉罕的是馬斯洛（Abraham Maslow），他是著名的需求層次理論發明人，他有句類似的話也常被引用：「我猜這就是很難忍住：如果你唯一的工具只有鎚子，那看什麼都會像是釘子。」這句話出自：Maslow, *The*

Psychology of Science: A Reconnaissance (New York: Harper & Row, 1966): 15。

從工具定律也可看出，如果找到有力的比喻來表達自己的意見，效果會有多好。讓我們看看卡普蘭在同一本書裡如何以另一種方式表達這個概念：「我們並不會特別意外，科學家思考問題的方式會讓解決方案所需的技巧剛好就是他自己所特別熟悉的。」這種句子背後的靈感大概是「話要說得彎彎曲曲不直接法則」，學術界某些領域非常愛玩這一套。我覺得如果卡普蘭沒有花時間想出那個揮著鎚子的小男孩形象，他的研究應該不會像現在有這麼大的影響力。

P.78：在巴西和一群資深主管合作。我曾在 "Are You Solving the Right Problems?" *Harvard Business Review*, January–February 2017 寫過這則故事，部分段落是原封不動的搬了過來。

P.80：「所謂精神錯亂，就是把同樣的事做了一遍又一遍……」這句話同樣常常被誤以為是愛因斯坦說的。*Bozeman Daily Chronicle*的編輯貝克（Michael Becker）就曾在自己的部落格裡研究這句引文的出處："Einstein on Misattribution: 'I Probably Didn't Say That'" (http://www.news.hypercrit.net/2012/11/13/einstein-on-misattribution-i-probably-didnt-say-that/)。他指出，在麗塔·梅·布朗於

1983年出版的 *Sudden Death* 之前，這句話已經有更早的版本流傳，據稱出自毒品濫用互助會（Narcotics Anonymous）。但如果要激勵人心，大概還是說「這是愛因斯坦講的」效果會比較好。

P.81：你今天早上有吃早餐嗎？相關資料可參閱 No Kid Hungry 計劃（www.nokidhungry.org）。關於把相關概念做出實際應用，參閱：Jake J. Protivnak, Lauren M. Mechling, and Richard M. Smrek, "The Experience of At-Risk Male High School Students Participating in Academic Focused School Counseling Sessions," *Journal of Counselor Practice* 7, no.1 (2016):41–60。感謝蒙特克萊爾州立大學的哥斯奇（Erin Gorski）教授告訴我這個例子。

成人也會受到這種影響。一項知名研究指出，假釋委員會進行聽證時是否吃過午餐，會大大影響犯人得到假釋的機會。參閱：Shai Danziger, Jonathan Levav, and Liora Avnaim-Pesso, "Extraneous Factors in Judicial Decisions," *Proceedings of the National Academy of Sciences* 108, no.17 (2011)。

P.82：棉花糖實驗。原始論文參閱：Yuichi Shoda, Walter Mischel, and Philip K. Peake, "Predicting Adolescent Cognitive and Self-Regulatory Competencies from Preschool Delay of Gratification: Identifying Diagnostic Conditions," *Developmental Psychology* 26, no. 6 (1990): 978。新研究參閱：Tyler W. Watts, Greg J. Duncan, and Haonan Quan, "Revisiting the Marshmallow Test: A Conceptual Replication Investigating Links Between Early Delay of Gratification and Later Outcomes," *Psychological Science* 29, no. 7 (2018): 1159。對整體的快速介紹可參閱：Jessica McCrory Calarco, "Why Rich Kids Are So Good at the Marshmallow Test," in the *Atlantic*, published online on June 1, 2018。

P.84：燈泡問題。如果是 LED、而不是傳統老派的燈泡怎麼辦？其實還是可以一次搞定：雖然 LED 燈泡的玻璃不會發燙，但底座過了一兩分鐘還是會發熱。如果是從小就習慣 LED 燈泡的人，可能就比較難想到這種可以一趟完成的解決方案，畢竟一般來說，總**覺得** LED 燈泡就是不會發熱：一位認知科學家可能會說是這種「發熱」的特性比較難在他們的心智當中啟動。

我之所以喜歡這個燈泡問題還有另一原因：這可以點出我們多麼依賴與視覺相關的比喻。請想想我們有多少關於重組問題框架的比喻都與視覺有關：要看到全局、要後退一步來看、要從鳥瞰的角度、要去陽台上，還有要從不同的「觀」點來看問題。一般而言，與視覺有關的比喻是很實用的捷徑，但所有比喻都有一樣的問題：這可能會讓你誤入歧途、或是讓你對某些情況「盲」目；燈泡問題正是個絕佳的例子。

P.85：大腦是個「認知吝嗇鬼」。這項概念是在1984年由Susan Fiske與Shelley Taylor所創；參閱：Fiske and Taylor, *Social Cognition: From Brains to Culture* (New York: McGraw-Hill, 1991)。「認知吝嗇鬼」的概念，就好比是丹尼爾·康納曼所說的「系統一」；參閱：Kahneman, *Thinking, Fast and Slow* (New York: Farrar, Straus, and Giroux: 2011)。

P.86：功能固著。功能固著的概念是由鄧克（Karl Duncker）所提倡，他是創意問題解決的重要早期學者。鄧克最有名的貢獻是「蠟燭實驗」：實驗要求參與者把一根蠟燭固定到牆上，而提供的工具只有一盒圖釘和其他幾樣小東西。這項實驗的經典解法，就是用空的圖釘盒作為平台，讓蠟燭站在上面。換句話說，參與者必須讓盒子發揮它原有以外的功能。參閱：K. Duncker, "On Problem Solving," *Psychological Monographs* 58, no.5 (1945): i–113。

P.86：迪士尼樂園的停車管理員。這項問題改編自Jeff Gray, "Lessons in Management: What Would Walt Disney Do?" *Globe and Mail*, July 15, 2012。

第5章：重新思考目標

P.93：重新思考目標。哲學界也曾經探討這種「重新思考目標」的題目。特別有趣的一個論點，是關於哲學家溫納（Langdon Winner）所討論的「直線實用主義」（straightline instrumentalism）。這種概念認為，我們本來就有各種目標，而目標的形成與我們用來達成目標的工具並無關係。但溫納則不表贊同，他主張工具會影響我們各種目標與價值觀的成形；參閱：Winner, "Do Artifacts Have Politics?" *Daedalus* 109, no.1 (1980): 121-136。對解決問題的人來說，這又再次提醒我們，應該要不斷檢視目標、問題、工具與解決方案之間的關係。感謝Prehype合夥人盧貝林（Amit Lubling）讓我注意到溫納的研究。

P.95：各種目標其實並非單獨存在。任何有自尊的學科大概都不會同意，但對於究竟什麼叫做目標，眾人的意見其實相當一致。洛克（Edwin Locke）和萊瑟姆（Gary Latham）就說：「目標就是一項行動的對象或目的。」參閱："Building a Practically Useful Theory of Goal Setting and Task Motivation: A 35-Year Odyssey," *American Psychologist* 57, no.9 (2002): 705-717。邁耶（Richard E. Mayer）曾談到一個問題的「預期或終結狀態」，強調目標狀態可能多少有點模糊不清；參閱：*Thinking, Problem Solving, and Cognition*, 2nd ed. (New York: W.H. Freeman and Company, 1992): 5–6。但在實務上，說到「目標」或「問題」，每個人想到的可能不盡相同。某個人可能會說：「問題就是業績掉了」，而另一個又說：「我們的目標是改善銷量。」我們之所以要重組問題框架，一部分原因就是為了理清到底哪些才是重要

的目標；這在與客戶工作的時候特別明顯，因為這些目標還能當成「停止規則」，告訴你什麼時候算是工作完成了。感謝波士頓顧問集團的瑞夫斯（Martin Reeves）向我點出這一點。

P.95：把目標視為某個階層結構或因果關係的一部分。許多不同的學者及執業人士都已經研究過階層式的目標。其中，教師兼學者 Min Basadur 特別值得一提，因為他在1994年所提出的「為什麼？什麼阻止了我們？」這套方法是本章的重要靈感來源；參閱：Min Basadur, S. J. Ellspermann, and G. W. Evans, "A New Methodology for Formulating Ill-Structured Problems," *Omega* 22, no.6 (1994)。這套方法的其他化身可以在汽車業看到。像是福特的「階梯訪談法」（laddering），或是「待完成的工作」框架當中的「工作樹」（jobs tree）。

P.97：大衛營協議。這個事件請參閱：Roger Fisher, William Ury, and Bruce Patton, *Getting to Yes: Negotiating Agreement Without Giving In* (Boston: Houghton Mifflin, 1981)。作者呼籲民眾要「注意利益，而不是注意立場」，而這項原則自此成為協商研究的核心信條。這項見解的提出，可以追溯到早期管理學者 Mary Parker Follett，她曾在1925年的 "Constructive Conflict" 這篇文章加以敘述；參閱：Pauline Graham, ed., *Mary Parker Follett— Prophet of Management* (Boston: Harvard Business School Publishing, 1995), 69。在我這裡的用詞，「立場」其實就等於明說出來的目標，而「利益」則是更高層級、可能沒有明說出來的目標。

P.98：「有些人根本不知道怎樣才能算是解決問題」。引文出自 Steve de Shazer, *Keys to Solution in Brief Therapy* (New York: W. W. Norton and Company, 1985): 9。

P.98：更是你如何看待這個世界的模型。相關的精闢討論參閱：Jennifer Riel and Roger L. Martin, *Creating Great Choices: A Leader's Guide to Integrative Thinking* (Boston: Harvard Business Review Press, 2017)。

P.99：給年輕人的職涯建議。關於職涯建議這個主題，曾有人詢問知名喜劇演員博伯翰（Bo Burnham），如果有年輕人夢想著幹他這一行，他會給出什麼建議？他的回答：**「現在就放棄。」**他解釋道（這裡我有稍微調整用詞）：「如果要聽建議，不該找像我這種十分幸運的人，我們的偏見都很嚴重。讓某個超級巨星叫你去追尋你的夢想，就像是有個中了樂透頭獎的人叫你『讓你的資產流動起來。去買彩券吧，很有用喔！』」博伯翰曾在歐布萊恩（Conan O'Brien）主持的美國脫口秀〈康納秀〉（Conan）做過這段表演，播出時間為2016年6月28日。如果你所處的國家沒

有設下觀看限制，或許你也可以在網上找到這個片段，請搜尋：「Bo Burnham's inspirational advice」。

P.99：Net-90政策。與 BarkBox 共同創辦人沃德林的個人談話，2018年。

P.99：目標模型及績效指標。關於為什麼績效目標常常設得那麼差（以及又要怎樣才能設得對），請參閱：Steve Kerr, *Reward Systems: Does Yours Measure Up?* (Boston: Harvard Business School Publishing, 2009)，或是他的經典文章：Kerr, "On the Folly of Rewarding A, While Hoping for B," *Academy of Management Journal* 18, no.4 (1975): 769。我看過的一個例子是一位創新經理，上司訂下的目標是只要她能執行至少5%的創新提案，就能得到獎金。只要有5%的提案很有發展潛力，這就有可能是個很好的目標。但不幸的是，情況並非如此，於是這位經理不得不執行好幾個爛提案，心裡十分清楚這就只是浪費時間。

P.100：艾貝森談假設。與艾貝森的個人談話，2019年5月。艾貝森任職於 ReD Associates。這家策略顧問公司運用社會科學方法（例如意會 [sense-making] 與人誌學研究）針對客戶的業務提供外部人士意見。

P.101：史坦柏格的獵人頭案例。史坦柏格針對如何提升

創意，提出了21項有研究基礎的策略，而其中「重新定義問題」（redefining problem）就是第一項。這個案例出於：Sternberg, *Wisdom, Intelligence, and Creativity Synthesized* (New York: Cambridge University Press, 2003)，2011年平裝版頁110。如果讀者有興趣，也不妨了解一下史坦柏格對創意所提出的投資策略，該策略認為，創新除了是一種能力，也是一種個別選擇，必須考慮創新的成本效益（這點在我看來非常重要）。在我的第一本書（與派帝・米勒合著）*Innovation as Usual: How to Help Your People Bring Great Ideas to Life* (Boston: Harvard Business Review Press, 2013)，第7章曾經談過更多。應該可以說，這項見解還能更廣泛應用到重組問題框架與問題解決。

P.102：霍金的輪椅。英特爾無償為霍金做的這些事，可以參閱：Joao Medeiros, "How Intel Gave Stephen Hawking a Voice," *Wired*, January 2015。其他細節也可參閱英特爾網站的新聞稿頁面。霍金的輪椅是許多人合作的成果，而英特爾的新聞稿特別點出的是丹曼（Pete Denman）、邦菲爾德（Travis Bonifield）、衛斯力（Rob Weatherly），以及納屈曼（Lama Nachman）這幾位英特爾的工程師。其他細節則出於我與丹瑪在2019年的個人談話。

P.103：深夜的第四台廣告。細節可參閱以「第7天」（Day 7）概念著名的創新專家安東尼（Scott Anthony）的著作 *The*

Little Black Book of Innovation: How It Works, How to Do It (Boston: Harvard Business School Publishing, 2012)。

P.104：艾伊貝拉的研究。她對領導能力的研究值得一讀，參閱：Ibarra, *Act Like a Leader, Think Like a Leader* (Harvard Business Review Press, 2015)。

P.104：塞利格曼談快樂。參閱：Seligman, *Flourish: A Visionary New Understanding of Happiness and Well-Being* (New York: Free Press, 2011)；或是搜尋他的「PERMA」框架。

P.105：六項能得到職業幸福感的因素。關於托德和麥卡斯基爾的研究，在他們的網站（80000hours.org）有詳細介紹。麥卡斯基爾談到有效利他主義的著作 *Doing Good Better: How Effective Altruism Can Help You Make a Difference* (New York: Avery, 2015) 也十分有趣，書中也談到幾項重組問題框架的例子（像是如何好好運用自己的時間與金錢來做好事）。此外，「心流」也是關於快樂的研究當中相當知名的概念，指的是你如此投入在做某件事，甚至忘了自己。提出這個詞的學者是契克森米哈伊，而他剛好也是重組問題框架研究的重要人物。搜尋「flow psychology」（心流心理學）可以得到更多資訊。

第6章：檢視亮點

P.112：塔妮亞和布萊恩。在 2018 年，塔妮亞透過個人談話與電子郵件和我分享這個故事。他們兩人的故事說明工作與家庭裡的問題解決會有怎樣的關係。最明顯的一點，就是如果你晚上和另一半吵到半夜，很有可能隔天上班就會表現失常。有趣的是，你在家庭裡找出的問題框架與解決方法常常也能用在工作上，反之亦然。舉例來說，我有一次演講的對象是一支創新團隊，他們常常需要開會，決定哪些專案已經該喊停。這些會議常常是氣氛緊張、讓人心力交瘁，所有成員其實都很不喜歡這種會。而他們通常都是什麼時候開？傍晚，就在大家的心理能量最低的時候。

P.114：希思兄弟的亮點策略。「亮點」（bright spot）一詞是借自 Chip and Dan Heath，《改變，好容易》（*Switch: How to Change Things When Change Is Hard*）(New York: Broadway Books, 2010)。如果讀者想進一步了解問題解決、決策、行為改變，這本書與他們的《零偏見決斷法》（*Decisive: How to Make Better Choices in Life and Work*）(New York: Crown Business, 2013) 都是十分推薦的讀物。

此外，在此我想特別指出，亮點策略的特殊之處在於不只能協助你改變問題的思考框架，有時還會將你直接帶到一個可行的解決方案，完全不需要去重組問題框架（甚

至是理解問題）；舉例來說，有時這種方式會讓你直接看到某個你原本不知道的現有解決方案。除非你是個堅持一定要重組問題框架的死忠信徒，否則這當然是個天大的好消息；問題解決了，不就好了嗎？

P.114：醫學領域的亮點。相關例子請參閱：Lisa Sanders, *Every Patient Tells a Story: Medical Mysteries and the Art of Diagnosis* (New York: Broadway Books, 2009)，第一章關於夏愛美（Amy Hsia）的故事。

P.114：凱普納與崔果的根本原因分析。很難說根本原因分析究竟是由誰提出，但公認該領域的奠基之作是：Kepner and Tregoe, *The Rational Manager: A Systematic Approach to Problem Solving and Decision-Making* (New York: McGraw-Hill, 1965)。該書的核心框架有一部分就是討論亮點問題（「哪些地方**沒遇到**這種問題？」）雖然兩人的研究重點一開始是問題分析而非重組問題思考框架，但後續著作就開始慢慢談到重組問題框架，包括：*The New Rational Manager* (Princeton, NJ: Princeton Research Press, 1981)。

P.114：亮點策略已經被各專業領域所普遍採用。一種有趣的亮點策略是仿生技術（biomimicry），也就是在自然界中找解決方案。我之所以沒在正文中談到這點，是因為仿生技術對於解決「日常問題」或許作用不大，但在研

發社群裡早就有輝煌的歷史。一個知名的例子就是魔鬼氈，是從鬼針草擷取自靈感。

亮點策略的另一個簡單例子，當然就是所謂的「最佳實務」（best practices），這不但可能幫得上忙，有些產業甚至還會直接把最佳實務變成必須遵守的規定（常常就是在顧問的要求之下）。工程界就有一種有趣的亮點策略：蘇聯工程師阿奇舒勒（Genrikh Altshuller）所研發的TRIZ框架，提供許多能夠解決典型工程問題的最佳實務，最早描述這種方法的，是蘇聯期刊上的一篇論文：Altshuller and R. B. Shapiro, "On the Psychology of Inventive Creation," *Voprosi Psichologii*, 1956。（如果對語言研究有興趣，TRIZ其實是「teoriya resheniya izobretatelskikh zadatch」的首字縮寫，直譯為「解決發明相關問題的理論」，又稱為「發明性問題解決理論」。）

P.115：焦點解決短期治療。笛夏德的著作介紹密爾瓦基這群治療師的成果；參閱：Steven de Shazer, *Keys to Solutions in Brief Therapy* (New York: W.W.Norton & Company, 1985) 與 *Clues: Investigating Solutions in Brief Therapy* (New York: W.W.Norton & Company, 1988)。雖然有的心理學家會說，有些問題確實需要你去找出更深的個人因素，但這群密爾瓦基治療師的方法現在也已經是廣受治療師認可的工具。剛好塔妮亞也特別點出是密爾瓦基的某位成員讓她更了解亮點策略。這位成員就是作家暨心理治療師韋拿戴維斯（Michele Weiner-Davis），她提出的建議則是「有用

的事就多做」。

P.115：是否曾經解決過類似的問題？在完形心理學家鄧克的研究基礎上，現在關於類比遷移（analogical transfer）已有大量研究成果。這個科學詞彙指的是有時候可以靠著「我以前有沒有見過類似的問題？」來解決手上的問題。就像是亮點策略的情形，如果你能**主動積極**尋找這些類似情況，一切會大不相同，否則，類似的情況躍入你腦海的頻率將會低得多。有一項著名的實驗，是季克（Mary L. Gick）與哈耶克（Keith J. Holyoak）要求參與者解開一項問題，但在此之前先請參與者讀過幾篇小故事，某一篇就強烈暗示著解答。實驗結果顯示，有92%的參與者解開問題；但一直是要等到已經收到提示，告訴他們那幾篇故事裡有線索，他們才終於找出答案。在研究者提示之前能解開問題的只有20%。兩篇論文曾談到這項研究："Analogical Problem Solving," *Cognitive Psychology* 12, no. 3 (1980): 306， 以 及 "Schema Induction and Analogical Transfer," *Cognitive Psychology* 15, no. 1 (1983): 1。關於鄧克的研究及後續發展，可參閱：Richard E. Mayer's *Thinking, Problem Solving, Cognition*, 2nd ed. (New York: Worth Publishers, 1991), pages 50–53 and 415–430)。

P.116：有更多心理能量來面對壓力。組織心理學家、也是我優秀的嫂嫂梅雷特（Merete Wedell-Wedellsborg）曾提到了解自己的「心理超級充電器」有多麼重要。意思是一些特別（常常也很古怪）的事物能讓你格外有活力。像是她有一位客戶，覺得只要瀏覽各種高層主管教育課程，就會讓自己「復活」起來，簡直像是給心靈放了個假。參閱：Merete Wedell-Wedellsborg, "How Women at the Top Can Renew Their Mental Energy" (*Harvard Business Review* online, April 16, 2018)。

P.116：希格拉斯分享的飯店案例。出於我與希格拉斯在2018年的個人談話。

P.116：律師事務所的長期思考。我曾在"Are You Solving the Right Problems?" *Harvard Business Review*, January–February 2017 提過這則案例。

P.118：說服不識字的父母讓孩子繼續上學。米西奧內斯省的案例，參閱：Richard Pascale, Jerry Sternin, and Monique Sternin, *The Power of Positive Deviance: How Unlikely Innovators Solve the World's Toughest Problems* (Boston: Harvard Business Press, 2010)，第4章。該書作者有豐富實務經驗，書中提出建議有力又務實，讓人知道如何將正向偏差的概念運用到實務當中。關於重組問題框架的引文，引自2010年精裝版的頁155。

P.119：留校率果然提高50%。 文中已將故事稍加簡化。原書完整故事非常值得一讀，特別是顧問如何透過團隊合作應用正向偏差法。其中關鍵核心見解（幾位作者有深入討論）在於：應該讓客戶自行發現並建構出那些想法，而不是直接由顧問幫客戶重組問題框架。值得注意的是，史坦寧的方案成效顯著，而且成本低到不可思議（大約兩萬美元），但阿根廷主管機關卻不支持大規模推廣。這是為什麼呢？根據作者的說法，官員擔心這類方案可能將取代掉目前那些上百萬美元的大規模專案，如此一來就無法藉此中飽**私囊**。諷刺的是，如果這些方案成本貴上個一百倍，或許還比較容易獲得官員支持。

P.120：許多問題有著相同的「概念骨架」。 參閱：Douglas Hofstadter and Emmanuel Sander, *Surfaces and Essences: Analogy as the Fuel and Fire of Thinking* (New York: Basic Books, 2013)。本書深入探討比喻與分類的問題，而這兩種心理運作與重組問題框架息息相關。

P.120：瑞夫斯引文。 與瑞夫斯的個人談話，2019年。

P.122：pfizerWorks。 pfizerWorks的案例，參閱："Jordan Cohen at pfizerWorks: Building the Office of the Future," Case DPO-187-E (Barcelona: IESE Publishing, 2009)。為求清晰，引文已經編輯。部分新增細節，來自我與科恩、塔妮亞及艾佩爾的個人談話，時間為2009年至2018年間。

P.122：高夫曼談文化規範。 高夫曼談到文化規範的不可見，參閱：Goffman, *Behavior in Public Places* (New York: The Free Press, 1963)。這項主題在這之後得到社會學領域的廣泛研究，例如可參閱Pierre Bourdieu、Harold Garfinkel、Stanley Milgram等人的研究。

P.123：把問題公告周知。 關於將問題公告周知，有篇精彩的文章：Karim R. Lakhani and Lars Bo Jeppesen, "Getting Unusual Suspects to Solve R&D Puzzles," *Harvard Business Review*, May 2007。兩位研究者追蹤各公司將問題放上熱門問題解決平台InnoCentive之後的結果：「這些問題即使是經驗豐富的內部員工也無法解決，但沒想到其中高達30%就這樣被非員工解決了。」

P.124：E8-50案例。 部分取自我與米勒合著的：*Innovation as Usual: How to Help Your People Bring Great Ideas to Life* (Boston: Harvard Business Review Press, 2013)。PPT檔案是在2009年10月8日由普拉斯（Erik Pras）放上Slideshare.com，他是帝斯曼的商務發展經理，處理這次群眾外包的流程。2009年12月，團隊完成一次成功的商用試驗。到了2010年2月10日，團隊再次放上一個PPT檔案，宣布

贏家。只要搜尋「DSM slideshare Erik Pras」(Pras, 2009) 就能找到這些PPT檔案。

P.124：E-850重組問題框架的細節。 對生態友善的E-850膠水是以水為基底，但在膠合的合板乾燥之後，水就會讓木板彎曲，合板也因為壓力而無法平整。幾位研究員一開始對問題的框架是「我們該怎樣使膠水更強，才能抵抗彎曲的壓力？」但最後找出的解決辦法卻是靠著處理另一個不同的問題：只要避免木板吸收水分，就不用擔心彎曲的問題了 (Erik Pras, "DSM NeoResins Adhesive Challenge," October 29, 2009, https://dsmneoresinschallenge. wordpress.com/2009/10/20/hello-world/)。

P.125：史普拉德林的三點建議。 如果你想試試把問題公告周知的做法，建議閱讀：Spradlin, "Are You Solving the Right Problem?" *Harvard Business Review*, September 2012。另一篇值得參考的文章：Nelson P. Repenning, Don Kieffer, and Todd Astor, "The Most Underrated Skill in Management," *MIT Sloan Management Review*, Spring 2017。

P.125：負向偏誤。 最早提到這項偏誤的是這篇文章："Negativity in Evaluations"；參閱：David E. Kanouse and L. Reid Hanson in *Attribution: Perceiving the Causes of Behaviors*, eds. Edward E. Jones et al. (Morristown, NJ: General Learning Press,

1972)。後來有另一篇研究讓這項概念大幅擴充，也值得閱讀參考：Paul Rozin and Edward B. Royzman, "Negativity Bias, Negativity Dominance, and Contagion," *Personality and Social Psychology Review* 5, no.4 (2001): 296。

第7章：看看鏡子

P.131：基本歸因錯誤。 這種影響隨處可見。只有在**自己**出現不當行為時，才會忽然很大方的認為，應該是什麼特殊情況的影響，而不是因為我們的人格深處有問題。最早提到「基本歸因錯誤」的是社會心理學家瓊斯（Edward E. Jones）和哈里斯（Victor Harris）在1967年的文章，參閱："The Attribution of Attitudes," *Journal of Experimental Social Psychology* 3, no.1 (1967): 1-24。至於真正創出「基本歸因錯誤」一詞是另一位心理學家 Lee Ross；參閱："The Intuitive Psychologist and His Shortcomings: Distortions in the Attribution Process," in L. Berkowitz, *Advances in Experimental Social Psychology,* vol. 10 (New York: Academic Press, 1977), 173–220。

P.132：這種模式直到成年依然存在。 心理學家把這種現象稱為「自利偏誤」（self-serving bias），與基本歸因錯誤也有關。參閱：W. Keith Campbell and Constantine Sedikides, "Self-Threat Magnifies the Self-Serving Bias: A Meta-Analytic

Integration," *Review of General Psychology* 3, no.1 (1999): 23-43。

P.133：駕駛人們申請保險理賠。引文出自1977年7月26日的《多倫多新聞》(*Toronto News*)，但我一直無法找到原始的文章，也找不到證據指出在1977年曾有一份報紙叫做《多倫多新聞》。我甚至找不到證據說有一個城市叫做多倫多（好啦，最後這個是搞笑的）。所以，不管這些說法聽起來多像真的，很有可能只是一些軼事（也就是比「根本是編出來的」講得好聽一點）。

P.133：主動追求這種痛苦。我通常並不會推薦什麼自助書籍，這類書籍的根據常常是很不嚴謹的研究、天馬行空的想法（也就是胡思亂想），而且它們提出的建議有時候根本弊大於利。然而有一本讓我覺得值得閱讀：Phil Stutz and Barry Michels, *The Tools: Five Tools to Help You Find Courage, Creativity, and Willpower—and Inspire You to Live Life in Forward Motion*, (New York: Spiegel & Grau, 2013)。他們的第一項工具是用來躲避痛苦，書中解釋得讓我印象深刻，個人覺得十分受用。也剛好，書中運用一些簡單插圖來解說關鍵概念，促成我這本書用上速寫的靈感。

P.134：你有沒有用過交友軟體？對人類在交友軟體上的行為有興趣，請參閱：Christian Rudder, *Dataclysm: Love, Sex, Race, and Identity—What Our Online Lives Tell Us about Our Offline Selves* (New York: Crown, 2014)。Rudder是交友網站OkCupid的共同創辦人，書中分享許多資料，揭露大家在別人看不到的地方採用哪些交友策略，有些令人不敢苟同，有些則令人發笑。

P.134：在交友軟體上「嚴拒怪咖」。我的朋友喬瑞（Meg Joray）研究公開演說，她對此提出另一個可能的框架：「或許這些人就以為自己的交友經驗會像是一齣浪漫喜劇，但要減掉那些總是會搞砸完美配對的誤解與摩擦。」關於這個主題，希潔（Laura Hilgers）在《紐約時報》的文章 "The Ridiculous Fantasy of a 'No Drama' Relationship" (July 20, 2019)很值得一讀。希潔提出的論點也很類似：有些人就是對於真實的人際關係有著超級不切實際的想像。

P.135：西恩引文。與西恩的個人談話，2018年。關於貢獻與指責的進一步探討請見：Douglas Stone, Bruce Patton, and Sheila Heen, *Difficult Conversations: How to Discuss What Matters Most* (New York: Penguin, 1999)。

P.136：羅斯林引文。出自：Hans Rosling, Ola Rosling, and Anna Rosling Rönnlund, *Factfulness: Ten Reasons We're Wrong About the World—and Why Things Are Better Than You Think* (New York: Flatiron Books, 2018): 207。本書十分值得一讀，不只是因為書中見解，還因為羅斯林舉出許多自己與他人深

具啟發的故事。

P.136：「請告訴我，公司該改進哪裡？」 與約翰的個人談話，2018年。

P.137：「我想寫一部會橫掃各個獎項的小說」。如果你也有創意的抱負，覺得這個關於寫作的例子撩動你的心弦，參閱：Steven Pressfield, *The War of Art: Break Through the Blocks and Win Your Inner Creative Battles* (London: Orion, 2003) 以及 Charles Bukowski 的詩作 "Air and Light and Time and Space"，而且讀的時候最好是在義大利的湖邊。

P.137：布魯克斯引文。 取自 2018年6月7日於《紐約時報》的專欄文章："The Problem With Wokeness"。

P.138：天壽的問題。 英文原文「wicked problem」是由芮特爾（Horst Rittel）於 1967 年所創，更正式的敘述則出於：Horst W. J. Rittel and Melvin M. Webber, "Dilemmas in a General Theory of Planning," *Policy Sciences* 4, no.2 (1973): 155。就我來說，我得承認對這個詞還是有點矛盾。有些問題就是屬於特殊的類別，而這篇文章也提出一些重要見解及區分（有些可對應到葛佐斯所稱的「發現的問題」）。然而同時，把某個問題套上「wicked」這個標籤，幾乎就像是在迷戀著這個問題有多麼複雜，暗示著問題似乎無法解決

（就像是布魯克斯所述）。讀歷史的學生就會知道，人類這些年來確實解決一些很艱難的問題，有些在前人看來也會覺得不可能解決。

P.138：烏克蘭醫療保健系統貪腐問題。 參閱：Oliver Bullough, "How Ukraine Is Fighting Corruption One Heart Stent at a Time," *New York Times*, September 3, 2018。

P.139：內在自我認知與外在自我覺察。 參閱：Tasha Eurich, *Insight: The Surprising Truth About How Others See Us, How We See Ourselves, and Why the Answers Matter More Than We Think* (New York: Currency, 2017)。

P.139：如何詢問想法。 出自 2018 年格蘭特與我的個人談話。

P.140：提高你的外部自我覺察。 如果想要迅速了解並取得深入練習的建議，參閱：Adam Grant, "A Better Way to Discover Your Strengths," *Huffpost*, July 2, 2013。另一本值得閱讀而較深入的著作，則是：Douglas Stone and Sheila Heen, *Thanks for the Feedback: The Science and Art of Receiving Feedback Well* (New York: Viking, 2014)，提供大量實用建議，讓你了解如何運用（或拒絕！）別人對你提出的意見回饋。

P.140：擁有權力的人理解他人觀點的能力會下降。 關於這種「權力盲」（這是我的說法，不是他們的）背後的科學，參閱：Adam D. Galinsky et al., "Power and Perspectives Not Taken," *Psychological Science* 17, no.12 (2006): 1068。

而在這一點上，我實在忍不住要偷一句亞當斯（Douglas Adams）說的話，取自 Heidi Grant, *No One Understands You and What to Do About It* (Boston: Harvard Business Review Press, 2015): 85。這句話與馬有關：「牠們懂的永遠比牠們肯透露的多。如果有另一種生物整天、而且是每天坐在你背上，實在很難不對這種生物有些意見。但另一方面，如果是整天、每天坐在另一種生物背上，卻完全有可能對這種生物一點想法也沒有。」這句話的原始出處，是亞當斯寫在他自己的書中：*Dirk Gently's Holistic Detective Agency* (New York: Pocket Books, 1987)。

P.140：丹瑪的案例。 出自與丹瑪在 2018 年的個人談話。

第 8 章：以他人觀點思考

P.148：我們確實能夠提升對他人的了解。 關於對這項研究的介紹，參閱：Sharon Parker and Carolyn Axtell, "Seeing Another Viewpoint: Antecedents and Outcomes of Employee Perspective Taking," *Academy of Management Journal* 44, no.6 (2001): 1085。

P.148：增加彼此的相處時間。 研究發現，對於像是產品開發團隊或學術研究者來說，觀點取替可以讓他們得到更有用的成果。參閱：Adam M. Grant and James W. Berry, "The Necessity of Others Is the Mother of Invention: Intrinsic and Prosocial Motivations, Perspective Taking, and Creativity," *Academy of Management Journal* 54, no.1 (2011): 73。文中除了提供對這項研究的重點摘要，還點出內在動機、觀點取替、利社會動機（prosocial motivation）之間耐人尋味的連結，而這三者都能對成果的實用性（及創新）有正面影響。

P.148：「觀點取替」指的就是認知上的⋯。 有些人認為觀點取替與同理心既是認知過程（cognitive process）、也是行為行動，例如走出去和人接觸。（另一種在這裡沒有討論的流派則認為，同理心是一種人格特質或性格傾向。）由於本書的重點是要將觀點取替作為重組問題框架過程的一部分，因此我選擇用這個詞來指稱認知過程。第 9 章「前進」會更深入去談關於行動的部分，從中看出不同人的觀點。當然，認知和行為之間絕對有關連，而且兩者的分界也不如表面明顯。對這項主題有興趣者可參考萊考夫對「體化認知」（embodied cognition）的研究：George Lakoff and Mark Johnson, *Philosophy in the Flesh*, (New York: Basic Books, 1999)，或是克拉克（Andy Clark）與錢伯思（David Chalmers）對「延伸心靈假說」（extended mind hypothesis）的研究："The Extended Mind," *Analysis* 58, no.1, (1998): 7–19。

P.149：艾普利引文。 引自 N. Epley and E. M. Caruso, "Perspective Taking: Misstepping into Others' Shoes," in K. D. Markman, W. M. P. Klein, and J. A. Suhr, eds., *Handbook of Imagination and Mental Simulation* (New York: Psychology Press, 2009): 295–309。我這裡用電燈開關打比方來說明人要主動去打開開關，也是出自這篇文章。

P.150：「你有多快樂？」 參閱：Yechiel Klar and Eilath E. Giladi, "Are Most People Happier Than Their Peers, or Are They Just Happy?" *Personality and Social Psychology Bulletin* 25, no. 5 (1999): 586。

P.150：負面社會認同。 參閱：Robert B.Cialdini, *Influence: The Psychology of Persuasion* (New York: Harper Business, 1984)。許多學者都研究過社會認同的影響，羅傑斯（Everett M. Rogers）的經典之作 *Diffusion of Innovations* (New York: The Free Press, 1962) 就是早期的例子。

P.151：記得要做觀點取替。 「待完成的工作」方法是一個更有架構的有用框架，由創新專家克里斯汀生與雷諾（Michael Raynor）在著作 *The Innovator's Solution: Creating and Sustaining Successful Growth* (Boston: Harvard Buiness Press, 2003) 加以推廣。另一種思考這一點的方式，則是參考康納曼對「系統一」和「系統二」思考的區別。「系統一」

是快速、不費力且不精確的思考方式。而「系統二」則較緩慢、費力且較精確。想要了解所有利害關係人，永遠該採用「系統二」，比較慢、但也比較仔細。

P.151：錨定和調整。 最早指出這種流程需要兩個步驟的是：Daniel Kahneman and Amos Tversky, "Judgment under Uncertainty: Heuristics and Biases," *Science* 185, no.4157 (1974): 1124。

P.152：「如果我是第一線員工，對於即將發表的公司改組，有何感想？」 正如我的同事修斯（Tom Hughes）在 2019 年跟我說的那樣：「執行長會花六個月思考重組是否合理，但推出這項措施之後，卻希望手下員工只要經過一個小時的全員會議就接受這件事。」

P.153：我們可能在錨定的部分做得不錯，但在調整的部分卻不太行。 參閱：Nicholas Epley et al., "Perspective Taking as Egocentric Anchoring and Adjustment," *Journal of Personality and Social Psychology* 87, no.3 (2004): 327。

P.154：只有2.5%的人喜歡成為新事物的小白鼠。 相關重要著作為羅傑士（Everett M. Rogers）的 *Diffusion of Innovations*。

P.154：這裡的專案團隊和他們想說服的受眾根本就在同一間辦公室，卻仍然是以失敗做結。雙方關係親近、距離接近，會不會反而有礙觀點取替，是個研究起來很有趣的議題。如果你和某人住得很遠，很有可能你會覺得自己並不了解這個人（於是想投入心力去了解對方）。相對的，如果你和某人就在同一間辦公室（或是住在一起），你就很有可能自以為很了解對方，於是較少積極進行觀點取替。

P.154：不要停在第一個「聽起來正確」的答案。離職面談是個很好的例子。薪酬顧問公司 Pearl Meyer 的西岸總裁柯爾絲（Jannice Koors）就告訴我：「員工告訴公司，是因為有人出更高的薪酬，所以他們要離職。這聽起來很合理，但原因其實多半不只是因為錢。你該繼續問下去。」（與柯爾絲的個人談話，2018年。）艾普利引文出自：Nicholas Epley et al., "Perspective Taking as Egocentric Anchoring and Adjustment," *Journal of Personality and Social Psychology* 87, no. 3 (2004): 327。

P.155：哈圖拉的研究。參閱：Johannes D. Hattula et al., "Managerial Empathy Facilitates Egocentric Predictions of Consumer Preferences," *Journal of Marketing Research* 52, no. 2 (2015): 235。研究認為明確提醒能有正面效果，是研究93位平均46歲的行銷經理；也就是說，他們都是很有經驗的專業人員。研究中的提醒說詞是：「最近研究指出，管理者想採用消費者的觀點時，常常還是無法抑制自己的消費偏好、需求與態度。所以，請放下自己的個人消費偏好、需求與態度，只專注在目標消費者的偏好、需求與態度上。」

P.155：pfizerWorks 專案。與科恩的個人談話，2010年。

P.158：規則其實符合你的利益。較完整的討論請參閱塞勒（Richard Thaler）與桑斯坦（Cass Sunstein）深具影響力的著作 *Nudge: Improving Decisions About Health, Wealth, and Happiness* (New Haven: Yale University Press, 2008)。作者以「自由家（父）長制」（libertarian paternalism）一詞，表示雖然有規則指出好的預設行為，但也讓個人保有一些做出其他選擇的自由。當然，也有一些像是速限這樣的規則，就是刻意沒打算讓人有什麼自由詮釋的空間。

P.159：行為的惡性循環。關於合作時的溝通不良可能造成的影響，賽局理論的名家艾瑟羅德（Robert Axelrod）有一本重要著作 *The Evolution of Cooperation* (New York: Basic Books, 1984)。艾瑟羅德透過模擬合作賽局如「反覆囚徒困境」（iterated prisoner's dilemma），證明在模型中存在雜訊（而可能造成誤解）的情況下，能達到最好結果的方式就是選擇「寬恕」的策略（即接受錯誤就是會發生），並且在對方多次違規後才加以懲罰。相較之下，如果是粹純的「以牙還牙」模式，

常會因為雙方在最初出現誤解，就此落入惡性循環。

P.159：就算對大局而言不利，但對方的行為有可能對他們自己很有道理。這種觀點是政治科學領域所謂「公共選擇理論」（public choice theory）的一大貢獻。公共選擇理論興起於1950年代，當時學者開始運用經濟學的理論（包括在個人層次做成本效益分析），解釋國家與其他機構如何下決策。公共選擇理論特別指出的一點，就是個別決策者有時候會面對個人動機與整體系統利益相悖的情形。

P.159：雅蔻博的案例。出自我與雅蔻博在2018年的個人談話。

第9章：前進

P.166：羅德里格斯和雅伯特的案例。與雅伯特於2018與2019年的個人談話。羅德里格斯粉碎了開義式冰淇淋店的美夢之後，雅伯特和他一起開了另一家店，賣猶太無酵餅（matzo。一種未發酵的薄餅，是猶太人在逾越節期間食用的傳統食物）。雅伯特告訴我：「無酵餅市場有90年的時間都被兩個廠商把持。而在我看來，創造出一種更好吃的無酵餅應該會有發展空間。」為了推動計劃前進，他們為自己的想法安排簡單測試：烤出一批猶太無酵餅，設計別具新意而誘人的包裝，試著賣給四家當地商店的老闆。這

批盒裝無酵餅很快就銷售一空，讓老闆們再問：「下個禮拜能不能送四箱來？」接著就是參加一場華麗的匠人手工美食展，開始登上一些媒體版面。一年後，他們的盒裝無酵餅已經兩次登上歐普拉（Oprah Winfrey）的「歐普拉推薦清單」（Oprah's Favorite Things），在本書寫作同時，全美有超過800家店面銷售，並銷往英國、加拿大、西班牙與日本等地。要不是雅伯特堅持要先驗證問題，羅德里格斯有可能現在是在門可羅雀的義式冰淇淋店裡，靠著賣咖啡苦撐業績。

P.168：「標籤法」的技巧。參閱：Voss, *Never Split the Difference: Negotiating as if Your Life Depended on It* (New York: HarperCollins, 2016)，第3章。

P.169：布蘭克與「問題會議」。參閱：Steve Blank and Bob Dorf, *The Startup Owner's Manual: The Step-By-Step Guide for Building a Great Company* (Pescadero, CA: K&S Ranch Publishing, 2012)，第5章。如果你正在開一家新創公司，就該有這本書。

P.169：思科案例。參閱：Paddy Miller and Thomas Wedell-Wedellsborg, "Start-up Cisco: Deploying Start-up Methods in a Giant Company," Case DPO-426-E (Barcelona: IESE Publishing, May 2018)；部分格式稍作調整以求清晰。其

他拉米瑞茲的相關引文，出自我與阿薩德在2019年的個人談話。

P.171：德羅奎妮案例。 出自我與德羅奎妮的個人談話，2017年。

P.173：拉赫曼尼安與泰倫。 我曾在Prehype擔任顧問因而和拉赫曼尼安與泰倫結識。我並未參與「由Q管理」的案例，但從他們成立第一間辦公室，我就注意到他們的發展。此處引文來自我在2016年1月訪談拉赫曼尼安後所寫下的未刊稿個案研究。故事有部分也曾出現在幾部其他著作當中，其中包括：Zeynep Ton, *The Good Jobs Strategy: How the Smartest Companies Invest in Employees to Lower Costs and Boost Profits* (Boston: New Harvest, 2014)。

P.175：據稱超過2億美元。 銷售額並未真正公開，但根據財務資料公司Pitchbook認為，Managed by Q在被收購前的幾個月，市值已達到2.49億美元。參閱：https://pitchbook.com/profiles/company/65860-66。

P.175：「製作前型產品」。 參閱：Alberto Savoia, *The Right It: Why So Many Ideas Fail and How to Make Sure Yours Succeed* (New York: HarperOne, 2019)。

P.175：紅酒瓶塞案例。 與沃德林的個人談話，2019年。

P.176：麥奎爾的案例。 與麥奎爾的個人談話，2018年11月。

P.177：凍結問題。 引文出自 Kees Dorst, *Frame Innovation: Create New Thinking by Design* (Cambridge, MA: Massachusetts Institute of Technology, 2015)，第一章。

第10章：三項現實挑戰

P.185：「原本我只有一個問題，現在卻變成有十個問題。」 在一次關於重組問題框架的討論後，一位稱為 Tom Le Bree 的 Prehype 合夥人寄給我下面這段話：「如果你還在想書名的話，我有個建議：『我現在有99個問題，但本來只有1個』。」

P.187：奧坎剃刀。 沒錯，雖然那位托缽會修士根本是叫做「奧坎的威廉」，但我們還是把這件事叫做「奧坎剃刀」。大概是奧坎這個名字好聽吧，像是我的姓是維戴爾－維德斯柏，就算有人真的記得我這個人，大概也只會說我是「呃……那個搞重組框架的人」。

P.187：「選簡單的那個」。 de Shazer, *Keys to Solution in Brief*

Therapy (New York: W. W. Norton & Company, 1985): 16。雖然這則引文這麼說，但笛夏德並沒有說事情「永遠」是這樣，只是「常常」是這樣。這段話背後更大的重點，是傳統心理學家太常相信「複雜」的問題應該會有同樣複雜的解答，而不會先去嘗試比較簡單的方法。

P.188：家庭補助計劃。了解更多細節，參閱：Jonathan Tepperman, *The Fix: How Countries Use Crises to Solve the World's Worst Problems* (New York: Tim Duggan Books, 2016)，第1章。我所提到的研究及資料取自該書第39–41頁。

P.190：肯辛頓爵士的案例。與拉馬丹與諾頓的個人談話，2014年。

P.190：進行深度的人誌學研究。關於如何以這種深入探究的人誌學研究方法找出新的成長契機，推薦閱讀：Christian Madsbjerg and Mikkel B. Rasmussen, *The Moment of Clarity: Using the Human Sciences to Solve Your Toughest Business Problems* (Boston: Harvard Business Review Press, 2014)。 兩位作者在書中分享幾則關於問題框架的有趣範例，其中之一是樂高，他們改變了「小孩想要什麼玩具」的思考框架，變成「『遊玩』的作用是什麼？」（參閱該書第5章）如果你是高階主管，建議參閱：If Rita Gunther McGrath and Ian C. MacMillan, *Discovery-Driven Growth: A Breakthrough Process to Reduce Risk and Seize Opportunity* (Boston: Harvard Business Review Press, 2009)，作者分享許多實用建議，能讓企業更懂得如何發現成果契機。

P.192：夏恩與《MIT最打動人心的溝通課》。夏恩的著作 *Humble Inquiry: The Gentle Art of Asking Instead of Telling* (San Francisco: Berrett-Koehler Publishers, 2013) 對於如何問出更好的問題提供了精要的介紹。伯格（Warren Berger）與葛瑞格森對此議題也研究頗豐。

P.192：艾蒙森與心理安全感。參閱：Amy Edmondson, *The Fearless Organization* (Hoboken, NJ: Wiley, 2019)，或直接搜尋「心理安全感」。

P.192：葛瑞格森與吃得苦中苦。參閱：Gregersen, "Bursting the CEO Bubble," *Harvard Business Review*, March–April 2017。

P.193：謹恩的案例。參閱："Are You Solving the Right Problems?" *Harvard Business Review*, January–February 2017。

P.195：「成員組成比較多元的團隊，表現也會優於組成較單一的團隊。」關於多元與包容在問題解決的作用，已有大量相關研究。想進一步了解這個研究主題，參

閱：Scott Page, *The Diversity Bonus: How Great Teams Pay Off in the Knowledge Economy* (Princeton, NJ: Princeton University Press, 2017)，書中清楚細緻的介紹這項主題，包括像是多元性究竟是什麼（例如社會多元性與認知多元性的區別）、多元性最有助於解決哪類的問題（非例行性問題）等等。特別感謝哥本哈根商學院的潔特森（Susanne Justesen）向我介紹佩奇（Scott Page）的研究。

P.196：格蘭傑的案例。此案例是在我剛開始研究創新時，從一次客戶服務所得知。在我的第一本書 *Innovation as Usual: How to Help Your People Bring Great Ideas to Life* 以及 "Are You Solving the Right Problems?" *Harvard Business Review*, January–February 2017 文章中，都曾提過其中部分情節。

P.198：從絕對的外部人士取得意見。早在 1714 年也曾出現這樣的例子，當時英國國會希望能找到辦法讓船隻在海上得知所處的經度，而提出解答的是來自約克郡（Yorkshire）的鐘錶匠哈里森（John Harrison）。進一步了解這種絕對外部人士發揮力量的情形，請參閱：Karim Lakhani and Lars Bo Jeppesen, "Getting Unusual Suspects to Solve R&D Puzzles," *Harvard Business Review*, May 2007。

P.198：跨界人士。塔辛曼（Michael Tushman）在 1977 年的文章創出這個詞；參閱：Michael L. Tushman, "Special Boundary Roles in the Innovation Process," *Administrative Science Quarterly* 22, no.4 (1977): 587-605。

P.199：用比較不專業的詞彙來重述問題。實用的討論及範例參閱：Dwayne Spradlin, "Are You Solving the Right Problem?" *Harvard Business Review*, September 2012。

第11章：有人抗拒改變框架，該怎麼辦？

P.204：如果你和對方之間存在信任，可說是再幸運不過。有一套實用的理論模型，區別三種不同的信任：對「**誠實**」的信任（「如果你撿到我的錢包，會不會還給我？」）；對「**能力**」的信任（「你有沒有能力完成工作？」）；對「**意圖**」的信任（「如果出了什麼問題，你會不會為我撐腰？」）。就算是世界級的專家、過去的人格表現毫無缺點，如果受眾覺得這位專家並不是真正關心他們，就不會有真正的信任。參閱：Roger C. Mayer, James H. Davis, and F. David Schoorman, "An Integrative Model of Organizational Trust," *Academy of Management Review* 20, no.3 (1995): 709–734；如果希望了解比較晚近、針對更廣大群眾的討論，則可參閱：Rachel Botsman, *Who Can You Trust?: How Technology Brought Us Together and Why It Might Drive Us Apart* (New York: PublicAffairs, 2017)。

P.206：克里斯汀生與葛洛夫。這是2013年9月10日於倫敦參加一場活動時，克里斯汀生與我的分享。

P.207： 進 取 、 防 禦。 參 閱：Heidi Grant and E. Tory Higgins, "Do You Play to Win—or to Not Lose?" *Harvard Business Review*, March 2013， 或 是：Higgins, "Promotion and Prevention: Regulatory Focus as a Motivational Principle," *Advances in Experimental Social Psychology* 30 (1998): 1。

P.208：結論迴避者。最早發展此概念者為克魯格蘭斯（Arie W. Kruglanski）等社會心理學家，參閱：Arie W. Kruglanski, Donna M. Webster, and Adena Klem, "Motivated Resistance and Openness to Persuasion in the Presence or Absence of Prior Information," *Journal of Personality and Social Psychology* 65, no.5 (1993): 861，之後再由其他學者繼續發展闡述。

P.208：對沮喪和模糊的耐受度。關於模糊的研究以及與創意問題解決的關係，參閱：Michael D. Mumford et al., "Personality Variables and Problem-Construction Activities: An Exploratory Investigation," *Creativity Research Journal* 6, no.4 (1993): 365。管理學家馬丁也曾經深入探討這個議題，談到問題解決的專家在實務上會如何處理模糊的問題，參閱：Roger L. Martin, *The Opposable Mind: How Successful Leaders Win Through Integrative Thinking* (Boston: Harvard Business Review Press, 2009)。

P.210：許多19世紀的醫師都不願意承認……。德高望重的梅格斯（Charles Delucena Meigs）就是一個令人哀傷的例子，他在1854年曾經信心滿滿的拒絕相信疾病是由細菌所引起的理論，說出這句不朽但致命的名言：「醫師都是紳士，而紳士的手是潔淨的」；參閱：C. D. Meigs, *On the Nature, Signs, and Treatment of Childbed Fevers* (Philadelphia: Blanchard and Lea, 1854), 104。 在 *Innovation as Usual*的第5章，我就提到醫學界很晚才開始洗手殺菌的作法。想迅速了解可搜尋「Ignaz Semmelweis」這位醫師，他的悲劇故事道盡醫學界要創新得付出怎樣的代價。

P.210：如果某個人得靠著不懂某件事才能領到薪水……。Sinclair, *I, Candidate for Governor: And How I Got Licked*, published by the author in 1934 and republished in 1994 by the University of California Press。引言出自1994年版，頁109。

P.210：確定性的誘惑。背後的科學請參閱：Robert A. Burton's *On Being Certain: Believing You Are Right Even When You're Not* (New York: St. Martin's Press, 2008)。

P.212：磁碟片小故事。與丹瑪的個人談話，2019年，位

於皇家棕櫚沙狐球俱樂部。

P.212：中情局案例。de Shazer, *Clues: Investigating Solutions in Brief Therapy* (New York: W. W. Norton & Company, 1988): 109-113。

P.214：安東尼的案例。出自與這位共同創辦人的個人談話，2018年10月。

P.215：三星的案例。出自與曼斯菲爾德的個人談話，2013年。　參　閱：Paddy Miller and Thomas Wedell-Wedellsborg, "Samsung's European Innovation Team," Case DPO-0307-E (Barcelona: IESE Publishing, 2014)。

結論：臨別一語

P.220：錢柏林。引言及所提相關資訊，參閱：Chamberlin, "The Method of Multiple Working Hypotheses," *Science* 15 (1890): 92。這篇研究到今天仍非常值得一讀，讓人得以一窺這位當代達爾文、居禮夫人兼詹姆士（William James）的心智。只要搜尋他的名字及文章標題就能找到這篇文章。感　謝Roger Martin, *The Opposable Mind: How Successful Leaders Win Through Integrative Thinking* (Boston: Harvard Business Review Press, 2009)讓我注意到錢柏林的研究。

P.221：相信單一實用假說的危險。Louis Menand, *The Metaphysical Club: A Story of Ideas in America* (New York: Farrar, Straus and Giroux, 2001)談到一則很好的例子，有可能正是這個例子給錢柏林靈感。請特別注意裡面提到的阿格西（Louis Agassiz），他是一位極具天分及魅力的自然科學家，他的英文有種「迷人的不完美」，也對科學有些執迷不悟的錯誤想法。就算已經有如山的證據，顯示他提出的宏大理論是錯的，阿格西仍然堅持不接受其他可能的理論（包括達爾文所提出的理論），甚至還安排花上好幾個月去巴西，就為了找出證據證明自己的理論。他最後還是沒找到，而且就在他離開的期間，幾乎所有人都迅速達成共識：他是錯的、達爾文是對的。（在2002年的平裝版，他的故事從第97頁開始。）

P.221：錢柏林的避免確認偏誤方法。想到錢柏林把這和「愛」相提並論，我就忍不住覺得，如果在這裡把「解釋」換成「伴侶」，這套方法似乎也很能做為當代交友約會守則。

致謝

要不是有獨一無二的派帝・米勒（Paddy Miller），這本書絕不可能完成。他先是我的老師，後來也成為我的同事、合著者、心靈導師、朋友。本書即將成書時，他卻以71歲高齡因心臟衰竭去世。他為人溫暖、風趣、聰慧、創意十足、關懷他人，又帶著一點點的天馬行空，無論是Sara、George、Seb、我，或是許許多多曾與他結識、從他身上獲益良多的人，都對他深深思念。本書要獻給他。

書中提到的各種概念，要感謝許多人協助讓它們具體成形。感謝哈佛談判專案中心的Douglas Stone與Sheila Heen為我指點迷津，從書中的大小標題到各種想法概念，都提出清晰的指引（本書英文書名就要多虧Sheila的建議。）哈佛商業評論出版社的Melinda Merino很早就發現「重組問題框架」這項概念的潛力，她和《哈佛商業評論》的兩位編輯David Champion與Sarah Green Carmichael協助打造本書的最初版本。優秀的編輯Scott Berinato耐心引導我走過整個出版過程，讓全書大有改進；在我說還想再加上40頁研究附錄、3D圖片與檸檬汁的隱藏字跡時，也是他和善的阻止了我。本書製作過程極為複雜，但Jennifer Waring發揮專業，奇蹟似的讓一切都在軌道上，鉅細靡遺。

而Aevitas Creative Management的Esmond Harmsworth，至今仍是任何作者夢想得到的最佳代理人。Prehype的Henrik Werdelin，至今仍是我在「重組問題框架」及許多其他方面的重要思想合作夥伴。他終於出版自己的著作《橡實法》（*Acorn Method*），這本書絕對應該狂銷熱賣，但還是讓我的書稍微贏個幾本就行。

本書還要感謝許多人，自願在讀過本書後提供詳細的意見回饋，令本書受益匪淺：Fritz Gugelmann、Christian Budtz、Anna Ebbesen、Marija Silk、Mette Walter Werdelin、Simon Schultz、Philip Petersen、Meg Joray、Roger Hallowell、Dana Griffin、Oseas Ramírez Assad、Rebecca Lea Myers、Casper Willer、Concetta Morabito、Damon Horowitz、Heidi Grant，以及Emily Holland Hull。特別感謝Innosight的Scott Anthony，他的專業意見回饋讓我第一本書的概念更為精闢。

本書從我原本的手繪提案，到現在能以如此精采的樣貌活了起來，要感謝Harvard Business Review Group團隊：Stephani Finks、Jon Zobenica、Allison Peter、Alicyn Zall、Julie Devoll、Erika Heilman、Sally Ashworth、Jon Shipley、Alexandra Kephart、Brian Galvin、Felicia Sinusas、Ella Morrish、Akila Balasubramaniyan、Lindsey Dietrich、Ed Domina，以及Ralph Fowler。

我自己對於「重組問題框架」的想法，還受到另

外四個組織成員的薰陶。感謝Duke Corporate Education 的現任與前任合作同事：Julie Okada、Shannon Knott、Pete Gerend、Ed Barrows、Nancy Keeshan、Dawn Shaw、Nikki Bass、Erin Bland Baker、Mary Kay Leigh、Heather Leigh、Emmy Melville、Melissa Pitzen、Tarry Payton、Jane Sommers-Kelly、Jane Boswick-Caffrey、Tiffany Burnette、Richelle Hobbs Lidher、Holly Anastasio、Karen Royal、Joy Monet Saunders、Christine Robers、Kim Taylor-Thompson，以及Michael Chavez。在IESE Business School，感謝：Tricia Kullis、Mike Rosenberg、Kip Meyer、John Almandoz、Stefania Randazzo、Jill Limongi、Elisabeth Boada、Josep Valor、Eric Weber、Julie Cook、Giuseppe Auricchio、Mireia Rius、Aniya Iskhakava、Alejandro Lago、Sebastien Brion、Roser Marimón-Clos Sunyol、Núria Taulats、Noelia Romero Galindo、Gemma Colobardes、Maria Gábarron，以及 Christine Ecker。在BarkBox，感謝：Stacie Grissom、Suzanna Schumacher，以及Mikkel Holm Jensen。在 Prehype，感謝：Stacey Seltzer、Saman Rahmanian、Dan Teran、Amit Lubling、Stuart Willson、Zachariah Reitano、Richard Wilding，以及Nicholas Thorne。

　　還有一份更長的名單，都曾在「重組問題框架」的路上給予我或大或小的幫助：Tom Kalil、Richard Straub、Ilse Straub、Linda Vidal、Jordan Cohen、Christian Madsbjerg、Mikkel B. Rasmussen、Julian Birkinshaw、Dorie Clark、Bob Sutton、Ori Brafman、Christoffer Lorenzen、Maria Fiorini、Cecilie Muus Willer、Anders Ørjan Jensen、Marie Kastrup、Julie Paulli Budtz、Christian Ørsted、Edward Elson、Martin Roll、Blathnaid Conroy、Nicole Abi-Esber、Christiane Vejlø、Tania Luna、Ashley Albert、Elliott Albert、Ea Ryberg Due、Claus Mossbeck、Joy Caroline Morgan、Sophie Jourlait-Filéni、Julia June Bossman、Lydia Laurenson、Lise Lauridsen、Pilar Marquez、Carlos Alban、Laurent van Lerberghe、Esteban Plata、Alberto Colzi、Ryan Quigley、Brendan McAtamney、Beatriz Loeches、Jack Coyne、Chris Dame、Ulrik Trolle、Peter Heering、Susanne Justesen、Julie Wedell-Wedellsborg、Morten Meisner、Kristian Hart-Hansen、Silvia Bellezza、Elizabeth Webb、Astrid Sandoval、Paul Jeremaes、Ali Gelles、Joy Holloway、Linda Lader、Phil Lader、Stephen Kosslyn、Robin S. Rosenberg、Kelly Glynn、Kevin Engholm、Megan Spath、Per von Zelowitz、David Dabscheck、Judy Durkin、Tracey Madden、Jennifer Squeglia、Heidi Germano、Kathrin Hassemer、Lynden Tennison、Lynn Kelley、Dave Bruno、Teresa Marshall、Karen Strating、Tom Hughes、Jared Bleak、Bruce McBratney、Roz Savage、Lilac Nachum、Linni Rita Gad、Jens Hillingsø、Martin Nordestgaard Knudsen、Luke Mansfield、Jerome Wouters、Ran Merkazy、Erich Joachimsthaler、Agathe

Blanchon-Ehrsam、Olivia Haynie、Kenneth Mikkelsen、Brian Palmer、Michelle Blieberg、Josefin Holmberg、Kate Dee、Amy Brooks、Nikolai Brun、Justin Finkelstein、Jennifer Falkenberg、Thomas Gillet、Barbara Scheel Agersnap、Nicolas Boalth、Hanne Merete Lassen、Jens Kristian Jørgensen、Axel Rosenø、Sarah Bay-Andersen、Colin Norwood、Joan Kuhl、Kellen D. Sick、Svetlana Bilenkina、Braden Kelley、Chuck Appleby、Thomas Jensen、Shelie Gustafson、Heather Wishart-Smith、Michael Hathorne、Jona Wells、Paul Thies、Eric Wilhelm、Christy Canida、Raman Frey、Olivia Nicol、Mie Olise Kjærgaard、Maggie Dobbins、Phil Matsheza、Dawn Del Rio、Patricia Perlman、Nils Rørbæk Petersen、Claus Albrektsen、Lisbet Borker、Kim Vejen、Niels Jørgen Engel，以及Birgit Løndahl。Rucola的團隊讓我吃飽喝足，感謝：Amy Richardson、Jon Calhoun、Bryan Sloss、Allie Huggins、Jeremiah Gorbold、Fernando Sanchez、Jarett Gibson、Brian Bennett、Greg Lauro、以及Shevawn Norton。感謝了不起的攝影師Gregers Heering，拍出本書的作者照。當然，Mikael Olufsen仍然是全世界最棒的教父。

最後，有人說我們不能選擇自己的家庭，但就算可以選擇，我還是會選擇現在的家庭。原因就在於，我的家人們實在太棒了：我的爸媽Gitte和Henrik、哥哥Gregers、嫂嫂Merete，以及我們整個Wedell-Wedellsborg家族。還有我的侄子和侄女Clara、Carl-Johan、Arendse，我愛你們，很期待你們未來的發展。生命中能有你們，是我的幸運。

重組問題框架表

建立框架

問題是什麼？　　　　　　　　　　　　　　　　有誰參與？

重組問題框架

跳出框架	重新思考目標	檢視亮點	照照鏡子	以他人觀點思考

前進

如何維持動力？

www.howtoreframe.com

重組問題框架檢核清單

為問題建立框架

問題是什麼？有誰參與？

跳出框架

我們缺了什麼？

重新思考目標

有沒有更好的目標？

檢視亮點

有沒有什麼正面的特例？

照照鏡子

在這個問題的形成中，
我扮演什麼角色？

以他人觀點思考

他們想解決的是什麼問題？

前進

如何維持動力？

重組問題框架檢核清單

為問題建立框架

問題是什麼？有誰參與？

跳出框架

我們缺了什麼？

重新思考目標

有沒有更好的目標？

檢視亮點

有沒有什麼正面的特例？

照照鏡子

在這個問題的形成中，
我扮演什麼角色？

以他人觀點思考

他們想解決的是什麼問題？

前進

如何維持動力？

沿虛線剪下，或以複印方式彈性運用

財經企管 BCB721

你問對問題了嗎？
重組問題框架、精準決策的創新解決工具
What's Your Problem?: To Solve Your Toughest Problems,
Change the Problems You Solve

作者 —— 湯馬斯・維戴爾－維德斯柏 Thomas Wedell-Wedellsborg
譯者 —— 林俊宏

總編輯 —— 吳佩穎
書系主編 —— 蘇鵬元
責任編輯 —— Jin Huang（特約）
封面設計 —— 江孟達工作室

出版者 —— 遠見天下文化出版股份有限公司
創辦人 —— 高希均、王力行
遠見・天下文化 事業群榮譽董事長 —— 高希均
遠見・天下文化 事業群董事長 —— 王力行
天下文化社長 —— 王力行
天下文化總經理 —— 鄧瑋羚
國際事務開發部兼版權中心總監 —— 潘欣
法律顧問 —— 理律法律事務所陳長文律師
著作權顧問 —— 魏啟翔律師
地址 —— 台北市 104 松江路 93 巷 1 號
讀者服務專線 ——（02）2662-0012　傳真 ——（02）2662-0007；2662-0009
電子郵件信箱 —— cwpc@cwgv.com.tw
直接劃撥帳號 —— 1326703-6 號　遠見天下文化出版股份有限公司

電腦排版 —— 立全電腦印前排版有限公司
製版廠 —— 東豪印刷事業有限公司
印刷廠 —— 祥峰印刷事業有限公司
裝訂廠 —— 聿成裝訂股份有限公司
登記證 —— 局版台業字第 2517 號
總經銷 —— 大和書報圖書股份有限公司　電話／(02)8990-2588
出版日期 —— 2020 年 12 月 25 日第一版第 1 次印行
　　　　　　2024 年 5 月 16 日第一版第 11 次印行

定價 —— 600 元
ISBN —— 978-986-525-015-7
書號 —— BCB721
天下文化官網 —— bookzone.cwgv.com.tw

國家圖書館出版品預行編目(CIP)資料

你問對問題了嗎？：重組問題框架、精準決策的
創新解決工具／湯馬斯.維戴爾-維德斯柏（Thomas
Wedell-Wedellsborg）著；林俊宏譯. -- 第一版. -- 臺
北市：遠見天下文化出版股份有限公司, 2020.12
272面；　24×19公分. --（財經企管；BCB721）
譯自：What's Your Problem? : To Solve Your Toughest
Problems, Change the Problems You Solve
ISBN 978-986-525-015-7(平裝)

1.職場成功法 2.思考

494.35　　　　　　　　　　　109019592